9
1973

Faserforschung und Textiltechnik

WISSENSCHAFTLICH-TECHNISCHE ZEITSCHRIFT
FÜR DIE CHEMIEFASER- UND TEXTILINDUSTRIE

BEGRUNDET VON
ERICH CORRENS UND WALTER FRENZEL

HERAUSGEGEBEN VON ERICH CORRENS
WOLFGANG BOBETH – HANS BÖHRINGER – HERMANN KLARE
BURKART PHILIPP – CHRISTIAN RUSCHER

SCHRIFTLEITER J. BRÄMER UND I. RUSCHER

AUS DEM INHALT

AKADEMIE-VERLAG BERLIN

Faserforsch. u. Textiltechnik • 24. Jahrg. • Heft 9 • Seiten 351–392 • Berlin im September 1973
FSTXA 7 24 (9) 351–392 (1973) Preis: 15,– M • Sonderpreis DDR: 9,– M

DK 678.675'126:547.391.1:[678.9-02:66.095.26]: 541.124.2:546.714: 678.046.83

Teichmann, Rainer

Polyamid 6 als Rückgratpolymeres bei mangan(IV)-initiierten Pfropfpolymerisationen

Faserforsch. u. Textiltechnik **24** (1973) 9, S. 351—354. 2(3) Abb., 2 Tab., 13 Lit.

Es werden einige Untersuchungen zum Verlauf und zur Wirksamkeit der mangan(IV)-initiierten Pfropfpolymerisation auf Polyamid 6 geschildert, wobei die Höhe der Pfropfausbeuten in Abhängigkeit von den Versuchsbedingungen im Vordergrund steht. Als praktisches Anwendungsbeispiel dient eine Antistatikausrüstung, realisiert durch Pfropfung von Polyamid-6-Faserstoff mit Polyacrylsäure und Überführung der polymeren Säure in ihr Ammoniumsalz.

DK 677.521:677.019.34:677.017.635.3:677.017.635.2:677.014.8

Wiedemann, Gottfried, und *Frenzel, Horst*

Untersuchungen zur chemischen Beständigkeit der Glasseide

Faserforsch. u. Textiltechnik **24** (1973) 9, S. 355—359. 12 Abb., 3 Tab., 9 Lit.

Einige durch Einwirkung von Wasser, Mineralsäuren und Alkali bewirkte Veränderungen der Glasseidenstruktur und -oberfläche von alkaliarmer und alkalireicher Glasseide wurden untersucht. Während Alkali die Glasseidenstruktur völlig zerstört, werden bei Mineralsäurebeanspruchungen in Abhängigkeit vom Thermobehandlungszustand selektiv Netzwerkwandler herausgelöst.

DK 677.494.745.32:677.014.845:539.25:677.014.87:677.019.2:532.528

Walenta, Ernst, und *Teichgräber, Michael*

Zur Bestimmung der Hohlraumstruktur von PVY-Faserstoffen mittels Röntgenkleinwinkelstreuung

Faserforsch. u. Textiltechnik **24** (1973) 9, S. 360—364. 5 Abb., 3 Tab., 20 Lit.

Die Röntgenkleinwinkelstreuung (RKWS) hat für die Untersuchung der Hohlraumstruktur von Polymeren zunehmend Bedeutung erlangt. Im Folgenden wird über die Bestimmung der Größenverteilung der Hohlräume in PVY-Modellfäden auf der Grundlage eines früher vorgeschlagenen Verfahrens berichtet. Durch vergleichende elektronenmikroskopische Aufnahmen wird sichergestellt, daß es sich bei der RKWS um eine Hohlraumstreuung handelt.

DK 678.746.222-134.532:66.062:541.183.03:541.183.2:541.183.26

Glöckner, Gottfried, und *Lohmann, Dietmar*

Zum Einfluß der Struktur von Copolymeren auf ihre Wechselwirkung mit Lösungsmitteln

Faserforsch. u. Textiltechnik **24** (1973) 9, S. 365—370. 7 Abb., 1 Tab., 43 Lit.

Mit einer Apparatur nach *Prager* und *Long* wurde die Lösungsmittelaufnahme aus der Gasphase von Styrol/Acrylnitril-Copolymeren untersucht. Diese Sorption hängt von strukturellen Parametern ab, die durch die Vorgeschichte der untersuchten Proben bedingt werden. Weiterhin wird auf den Zusammenhang zwischen Lösungsmittelaufnahme im Sorptionsgleichgewicht und der Mikrostruktur des Copolymeren eingegangen. Die erhaltenen Ergebnisse werden mit Hilfe der *Flory/Huggins*-Theorie ausgewertet. Es ergibt sich, daß der Wechselwirkungsparameter in Abhängigkeit von der chemischen Zusammensetzung der untersuchten Proben ein deutliches Minimum aufweist.

DK 661.728:677.463:677.021.122.223:677.021.122.225:541.128.34:546.171.1

Schleicher, Harry, Daniels, Carola, und *Philipp, Burkart*

Zum Einfluß einer Aktivierung von Cellulose mit Ammoniak auf deren anschließende Alkalisierung und Xanthogenierung

Faserforsch. u. Textiltechnik **24** (1973) 9, S. 371—376. 7 Abb., 3 Tab., 14 Lit.

Nach einer Aktivierung von Cellulose mit flüssigem Ammoniak oder wäßrigen Ammoniaklösungen erfolgt im Vergleich zur unbehandelten Cellulose die Umwandlung zu Natroncellulose I bzw. die Auflösung bei einer Emulsionsxanthogenierung bei wesentlich niedrigeren NaOH-Konzentrationen, wobei sich allerdings das Umwandlungs- bzw. Löseintervall verbreitert. Durch eine Ammoniakaktivierung wird bei der Faserxanthogenierung die Sulfidiergeschwindigkeit erhöht und der Filterwert von Viskosen verbessert.

DK 547.584'023:678.674'524'420:677.494.674'524'420:543.283.062: 542.924.5:546.171.5

Berger, Werner, und *Ewert, Karl-Heinz*

Über das polarographische Verhalten einiger Derivate der Terephthal- und Isophthalsäure

2. Mitt.: Die selektive Bestimmung von Terephthalsäureestergliedern in Polymeren und Polymerkombinationen

Faserforsch. u. Textiltechnik **24** (1973) 9, S. 377—380. 1 Tab., 28 Lit.

Die Abspaltung von Terephthalsäureestereinheiten durch Hydrazin und die selektive polarographische Bestimmung des bei der Spaltung entstehenden Terephthalsäuredihydrazids wird beschrieben. Diese spezifische Spaltungsreaktion und die polarographische Reduzierbarkeit des Hydrazinolysehauptproduktes bilden die Grundlage zu einer neuen quantitativen Bestimmungsmethode für Terephthalsäureanteile in Estern. Dazu zählen Polydiolterephthalate jeder rel. Molekülmasse, deren Blockpolymere, Co- und Bikomponenten, Polymermischungen sowie Filamentmischgarne

DK 547.584'261:547.422.22:542.951.1:541.127.1:541.128.1:678.674'524'420

Dimov, Kiril, Terlemesjan, Ekaterina, und *Petrov, Peter*

Zur Umesterung von Dimethylterephthalat mit Äthylenglykol

Faserforsch. u. Textiltechnik **24** (1973) 9, S. 381—383. 3 Abb., 2 Tab., 7 Lit.

Die Konzentration verschiedener Produkte der Umesterungsreaktion des Dimethylterephthalats mit Äthylenglykol in Abhängigkeit von der Reaktionstemperatur, der Konzentration des Katalysators und dem Verhältnis der Reaktanten wurde untersucht, wobei man sich der statistischen Versuchsplanung bediente. Die erhaltenen Ergebnisse sind als Gleichungen zweiter Ordnung dargestellt.

Die Zeitschrift „Faserforschung und Textiltechnik" erscheint monatlich in Heften zu 48 Textseiten im Format A 4. Der Preis für das Einzelheft beträgt M 15,– (Sonderpreis für DDR M 9,–), für den Vierteljahrbezug M 45,– (Sonderpreis für DDR M 27,–), zuzügl. Bestellgeld. Die Berechnung erfolgt zu Beginn eines Vierteljahrs für 3 Hefte. Bestellungen aus dem Gebiet der Deutschen Demokratischen Republik an ein Postamt, eine Buchhandlung oder den Verlag, aus der Deutschen Bundesrepublik an eine Buchhandlung oder die Auslieferungsstelle Kunst und Wissen, Erich Bieber, 7 Stuttgart 1, Wilhelmstraße 4–6, aus dem Ausland an eine Importbuchhandlung, den Deutschen Buch-Export und -Import GmbH., 701 Leipzig, Postschließfach 276, oder den Akademie-Verlag GmbH., 108 Berlin, Leipziger Str. 3–4 (Fernruf: 220441; Telex-Nr. 0112020; Postscheckkonto 35021) erbeten. Bestellnummer dieses Heftes: 1014/24/9. Alleinige Anzeigenannahme DEWAG-WERBUNG, 1054 Berlin, Wilhelm-Pieck-Str. 49, und alle DEWAG-Betriebe in den Bezirksstädten der DDR. – Bestellungen in der UdSSR nehmen entgegen: Städtische Abteilungen von „SOJUZPECHATJ" bzw. Postämter und Postkontore.

Herausgeber und verantwortlich für den Inhalt: Prof. Dr. Dr. Erich Correns, Institut für Polymerenchemie der Akademie der Wissenschaften der DDR, 153 Teltow-Seehof, Fernruf: Teltow 4831; Prof. Dr.-Ing. habil. Wolfgang Bobeth, Institut für Technologie der Fasern der Akademie der Wissenschaften der DDR, 801 Dresden, Hohe Str. 6, Fernruf: 44721; Prof. Dr.-Ing. Hans Böhringer, 682 Rudolstadt; Prof. Dr. Hermann Klare, Prof. Dr. habil. Burkart Philipp und Dr. habil. Christian Ruscher, Institut für Polymerenchemie der Akademie der Wissenschaften der DDR, 153 Teltow-Seehof, Fernruf: Teltow 4831. Schriftleiter: Joachim Brämer und Dipl.-Chem. Ingeborg Ruscher, 153 Teltow-Seehof, Kantstr. 55. Verlag: Akademie-Verlag GmbH., 108 Berlin, Leipziger Straße 3–4. Satz und Druck: Druckhaus „Maxim Gorki", 74 Altenburg. – Veröffentlicht unter der Lizenznummer 1280 des Presseamtes beim Vorsitzenden des Ministerrates der Deutschen Demokratischen Republik.

Manuskriptsendungen sind an einen der Herausgeber oder die Schriftleitung zu richten. Für Inhalt und Form gelten die „Richtlinien für die Annahme und Abfassungen von Beiträgen", erhältlich von der Schriftleitung. Die Verfasser größerer wissenschaftlicher Arbeiten erhalten außer dem Honorar ein Heft und 50 Sonderdrucke ihrer Arbeit unentgeltlich. Nachdrucke sowie Übersetzungen in fremde Sprachen des Inhalts dieser Zeitschrift und deren Verbreitung – auch auszugsweise mit Quellenangabe – bedürfen der schriftlichen Vereinbarung mit dem Verlag.

Faserforschung und Textiltechnik

WISSENSCHAFTLICH-TECHNISCHE ZEITSCHRIFT FÜR DIE CHEMIEFASER- UND TEXTILINDUSTRIE

Band 24 September 1973 Heft 9

Polyamid 6 als Rückgratpolymeres bei mangan(IV)-initiierten Pfropfpolymerisationen

Rainer Teichmann

Forschungsinstitut für Textiltechnologie in Karl-Marx-Stadt

DK 678.675'126:547.391.1:[678.9—02:66.095.26]:541.124.2:546.714:678.046.83

Es werden einige Untersuchungen zum Verlauf und zur Wirksamkeit der mangan(IV)-initiierten Pfropfpolymerisation auf Polyamid 6 geschildert, wobei die Höhe der Pfropfausbeuten in Abhängigkeit von den Versuchsbedingungen im Vordergrund steht. Als praktisches Anwendungsbeispiel dient eine Antistatikausrüstung, realisiert durch Pfropfung von Polyamid-6-Faserstoff mit Polyacrylsäure und Überführung der polymeren Säure in ihr Ammoniumsalz.

Полиамид 6 как исходный полимер при реакциях привитой сополимеризации, инициируемых солями четырехвалентного марганца

Приводятся данные о протекании и эффективности процесса привитой сополимеризации полиамида 6, инициируемого Mn(IV) с особым чуетом выхода привитого полимера в зависимости от условий опыта. В качестве практического примера применения служит антистатическая отделка полиамидного волокна путем прививки полиакриловой кислоты с последующим превращением ее в аммониевую соль.

Polyamide 6 as Bockbone Polymer in the Graft Polymerisation catalysed by Manganese IV

The process and effects of graft polymerisation, catalysed by manganese IV, on polyamide 6 are described, the dependence of the grafting yield on the experimental condition being preferentially considered. As an example of technical application, the grafting of polyacrylic acid onto polyamide 6 fibres and the conversion of the polymer acid to its ammonium salt is reported.

Polyamide besitzen reduzierende Eigenschaften. Damit eignen sie sich als Rückgratpolymere für Pfropfpolymerisationen nach der Mangan(IV)-Initiierungsmethode [1]; höherwertige Manganverbindungen spielten zeitweilig auch beim Bleichen der Polyamidfaserstoffe eine wichtige Rolle [2]. Im aus dem Reduktionsmittel Polyamid und dem Oxydationsmittel Mangan(IV) im sauren Medium gebildeten Redoxsystem erweist sich das Rückgratpolymere intermediär radikaltragend („Makroradikal") und gestattet somit in Gegenwart radikalisch polymerisierbarer Monomerer die Auslösung einer Pfropfpolymerisation.

1. *Verlauf und Wirksamkeit der mangan(IV)-initiierten Pfropfpolymerisation auf Polyamid 6*

Es ist anzunehmen, daß beim Polyamid 6 der oxydative Angriff und damit die Radikalbildung aus Gründen einer durch den Einfluß der Carbonamidgruppierung bedingten unterschiedlichen Elektronendichte an den einzelnen Methylengruppen dominierend an der N-vicinalen Methylengruppe erfolgt [3]. Eine solche Vorstellung äußern u. a. auch *Haworth* u. Mitarb. [4] für den Initiierungsmechanismus der Pfropfpolymerisation auf Polyamid 6.6 mit Hilfe von Cer(IV). *Rieche* und *Schön* [5] konnten bei der Behandlung von Caprolactam mit Kaliumpermanganat die bevorzugte Oxydation der ε-Methylengruppe des Moleküls experimentell nachweisen.

Über die Lebensdauer der gebildeten Polyamid-Makroradikale wird in diesen und anderen Publikationen nichts berichtet. Im Rahmen unserer Untersuchungen zur Pfropfpolymerisation auf Polyamid 6 nach der Mangan(IV)-Methode gelang uns der Beweis, daß derartige Radikale im Gegensatz zu den ebenso erzeugten Cellulose-Makroradikalen [6] relativ langlebig sind. Dazu wurde wie üblich [1, 7] das zu pfropfende Material mit einer neutralen Permanganatlösung behandelt (I) (Oxydationsstufe 1, korrespondierend mit $Mn(VII) \rightarrow Mn(IV)$), dann einer kurzen Einwirkung von Säure unterworfen (II) (Oxydationsstufe 2, korrespondierend mit $Mn(IV) \rightarrow Mn(II)$), nun aber intensiv und sorgfältig von den Protonen befreit (III) und schließlich mit Acrylnitril bedampft (IV). Die Zeitspanne zwischen dem Abbruch der Säurebehandlung (wonach keine weiteren Radikale entstehen können) und dem Beginn der Monomereneinwirkung ist ein Maß für die Lebensdauer der im Verlaufe von II gebildeten Radikale; das Nochvorhandensein letzterer spiegelt sich in den erzielten Pfropfausbeuten [1] (Tabelle 1) wider.

Tabelle 1. Lebensdauer der Polyamid-6-Makroradikale

Zeitspanne zwischen Abbruch der Säurebehandlung und Beginn der Monomereneinwirkung min	Pfropfausbeute %
0*)	64,3
1	14,9
3	14,8
5	15,3
10	13,2
20	10,7
30	7,6
40	5,8
60	4,9

Reaktionsbedingungen: ca. 0,3 g PA 6, Behandlung 1 h bei 60 °C in einer Lösung von 31,6 mg $KMnO_4$ in 200 ml H_2O, 3 min bei 60 °C in einer Lösung aus 0,95 ml konz. HNO_3 und 200 ml H_2O, x min Wässern bei gleichzeitig ständigem Wasseraustausch und Bewegen der Probe, 10 min mit Acrylnitril bedampfen.

*) ohne Säureentfernung

Die Oxydation mit Permanganat im Neutralen führt offensichtlich — wie auch bei Cellulose [7] — nicht zur Radikalbildung, da durch sofortiges Nachfolgen von Reaktionsschritt IV auf I keine Pfropfausbeuten resultierten; eine bei solchem Vorgehen für die Initiierung der Pfropfpolymerisation nicht ausreichende Lebensdauer der Radikale kann man aber nach den vorstehenden Ergebnissen ausschließen. Wird eine Reaktionsschrittfolge I, II, III, wiederum I (kurzzeitig, z. B. 10 min) und IV vorgenommen, so sind gleichfalls keine signifikanten Pfropfausbeuten erhältlich: die nach III noch vorhandengewesenen Radikale dürften durch I weiteroxydiert worden sein. Die Reaktionsfreudigkeit dieser Radikale ist an einer im Vergleich zu unbehandeltem Polyamid 6 vermehrten Mangan(IV)-Bildung auf derartigen Rückgratpolymeren bei kurzzeitiger Permanganateinwirkung erkennbar.

Pfropfpolymerisationen auf Polyamidfaserstoffen beanspruchen ein erhebliches praktisches Interesse; entsprechende Untersuchungen waren daher zahlreich [8]. Wir benutzten für unsere die Mangan(IV)-Initiierung überprüfenden Versuche wegen eines anzustrebenden Antistatikeffektes als Monomeres Acrylsäure, wobei in wäßriger Phase gearbeitet wurde.

Wie schon bei der Kombination Cellulose/Acrylnitril [1,6] zeigte sich auch im Falle der Reaktionskomponenten Polyamid 6 und Acrylsäure eine nahezu gleiche Abhängigkeit der Pfropfausbeuten von den Parametern Monomerkonzentration (a), Reaktionszeit (b), Reaktionstemperatur (c), Menge an zugesetzter Salpetersäure (d) und Initiatorkonzentration; die Initiatorkonzentration läßt sich durch Variation der Konzentration des vorgelegten Permanganatbades (e) und/oder der Behandlungsdauer in diesem Bad (f) und/oder der bei dieser Behandlung herrschenden Temperatur (g) beeinflussen. Innerhalb einer Versuchsreihe wurde jeweils ein einzelner Reaktionsparameter variiert, die anderen konstant gelassen. Während die sukzessive Vergrößerung (die im Durchführungsbeispiel unter „Experimentelles" angeführten Versuchsbedingungen stellen mittlere Werte dar) von a oder b — solange das Initiatorangebot ausreichend ist — zu mehr oder weniger steigenden Pfropfausbeuten führte, ergab sich durch fortschreitende Erhöhung der Parameter c bis g ein Maximum in der Höhe der Pfropfausbeuten, wofür auch im vorliegenden Reaktionssystem die bereits früher angeführten Gründe [9] verantwortlich sein dürften. Insbesondere die Tatsache, daß steigende Initiatormengen allmählich zu einem Absinken der Pfropfausbeuten Veranlassung geben (Bild 1), läßt sich zwanglos mit der Beteiligung von Initiatorionen an der Kettenabbruchreaktion sowie mit der möglichen Weiteroxydation vorhandener Radikale (siehe oben) vor einem initiierten Kettenstart, vor allem bei Initiatorüberangebot, erklären. Gleiche Pfropfausbeuten können also durch merklich unterschiedliche Initiatormengen hervorgerufen worden sein.

Technologisch bedeutungsvoll ist zweifellos, daß bereits sehr geringe Initiatormengen zu Pfropfausbeuten von 5 bis 10% führten (z. B. 0,064% Mn → 6,5% Pfropfausbeute), daß man diese Initiatormengen bereits durch kurzzeitiges Tauchen des Textilmaterials in ein Permanganatbad aufbringen kann und daß darüber hinaus schon eine Verweildauer von 5 bis 10 min im

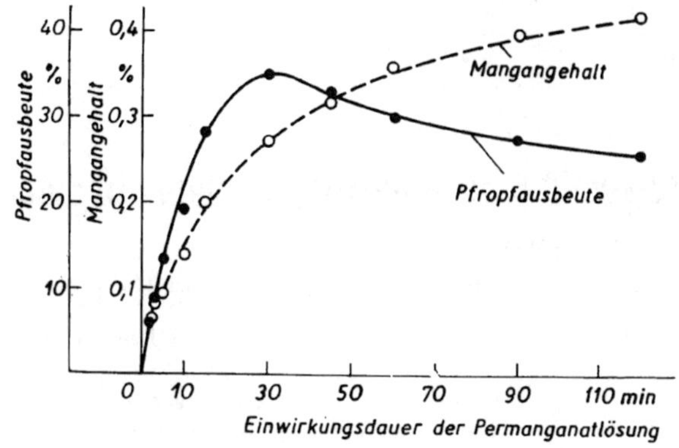

Bild 1. Zusammenhang zwischen Initiatormenge und Pfropfausbeute
Weitere Reaktionsbedingungen: siehe Durchführungsbeispiel unter „Experimentelles"

Monomerenbad zur Erzielung von Pfropfausbeuten zwischen 5 und 10% ausreicht. Diese Ergebnisse sind mit 1- bis 2%igen wäßrigen Acrylsäurelösungen zu erzielen. Vom Homopolymerisat braucht auf Grund der Wasserlöslichkeit von Polyacrylsäure nicht befreit zu werden. Da Acrylsäure selbst sauren Charakter aufweist, ist eine Salpetersäurezugabe nicht unbedingt erforderlich. Das Spülen nach Reaktionsschritt I kann entfallen, wenn nach dem Abquetschen überschüssiger Permanganatlösung eine kürzere Verweilstrecke vorgesehen wird. Die sehr geringen Initiatormengen erübrigen zudem gegebenenfalls die Sulfitbehandlung nach erfolgter Pfropfreaktion. Auf ein abschließendes gründliches Spülen sollte allerdings nicht verzichtet werden, weil Manganreste durch Ammoniakbehandlung (siehe unten) und Luftsauerstoffeinfluß braune Manganhydoxide bzw. -oxide bilden.

2. *Antistatistikausrüstung als potentielle Anwendung für Pfropfpolymerisationen auf Polyamid-6-Faserstoffen*

Durch Versalzung der gepfropften Polyacrylsäure erreicht man günstige Antistatikeffekte. Der negativen Erscheinung einer beträchtlichen statischen Aufladung vieler Synthesefaserstoffe bei Verarbeitung und Gebrauch, insbesondere auch denen aus Polyamid 6, wirkt hierbei der Umstand entgegen, daß nach der Salzbildung — begünstigt durch die infolge der Pfropfung erreichte Hydrophilie — leichter Ionen entstehen, die zur Ladungsabführung befähigt sind.

Wir überführten die gepfropfte polymere Säure in ihr Ammoniumsalz und bedienten uns dazu des Vorschlages von *Pikovskaja* u. Mitarb. [10], der auf einer vielstündigen Einwirkung einer gesättigten Ammoniakatmosphäre auf das modifizierte Textilmaterial beruht. Unsere Prüfungen ergaben, daß Pfropfausbeuten von 5 bis 8% ausreichen, um einen befriedigenden[1]) Antistatikeffekt (als Maß dient der spezifische Widerstand des Materials bei 65% rel. Luftfeuchte [11], ausgedrückt in GΩ) zu garantieren (Tabelle 2).

Pfropfausbeuten in dieser Höhe gewährleisten überdies einen kaum verschlechterten Griff. (Dagegen fallen die Copolymerisate höherer Pfropfausbeuten zuneh-

[1]) Bis zu 100 GΩ bei 65% rel. Luftfeuchte (siehe DAMW-VW 1005: Gütevorschrift für textile Stoffe, Gewirke und Gestricke für Kleider; Blatt 7).

Tabelle 2. Spezifischer Widerstand einiger gepfropfter Polyamid-6-Faserstoffprüflinge

Pfropfausbeute %	Dauer der NH_3-Behandlung h	Spezifischer Widerstand GΩ
–	–	>15000*)
10,8	–	3350**)
7,2	0,5	17
6,0	0,25	26
4,7	15	33
4,7	2	58
11,6	15	2***)
14,9	2	11
14,9	0,25	22

*) unbehandelter Polyamid-6-Faserstoff
**) ohne Versalzung der Polyacrylsäure
***) nach fünf Waschbehandlungen

mend hart und ab ca. 40% Pfropfausbeute mehr und mehr klebrig an.) Die Einwirkungsdauer der Ammoniakatmosphäre kann auf weniger als 30 min beschränkt werden. Die erzielten Effekte sind absolut permanent, selbst nach acht Feinwaschbehandlungen (4 g/l Milwok, 10 min bei 40 °C) konnten keine Beeinträchtigungen festgestellt werden. Lediglich Kontakt des versalzten Copolymeren mit sauren Medien (z. B. 30 min bei 40 °C in einer Lösung aus 3,3 ml konz. NHO_3 und 200 ml H_2O) verschlechterte wieder die antistatischen Eigenschaften. Die dann gemessenen Werte bewegen sich nunmehr in der Größenordnung derer, die bei unversalzten Pfropfcopolymeren gefunden wurden, was auf einen Austausch der Ammoniumkationen durch H-Ionen bei Säureeinfluß schließen läßt.

Versuche, die Versalzung der Polyacrylsäure gleichzeitig mit der Pfropfreaktion durch Zugabe größerer Mengen Ammoniumnitrat in die Reaktionslösung zu realisieren, scheiterten. Offenbar muß hierfür gleichfalls die Verdrängung der Ammoniumionen durch überschüssige H-Ionen verantwortlich gemacht werden. Es ist naheliegend, anzunehmen, daß sich in wäßriger Lösung ein Austausch von Wasserstoffionen der Pfropfkomponente gegen die salzbildenden Kationen generell schwierig gestaltet, da selbst der Ausschluß von Salpetersäure nicht zu den gewünschten Antistatikeffekten führte. Bemerkenswerterweise resultierte bei letzterer Verfahrensweise aber eine ganz beträchtliche Steigerung der Pfropfausbeuten, so beispielsweise eine Verzehnfachung durch Arbeiten in 2%iger Ammoniumnitratlösung; kleinere Elektrolytzusätze hatten geringere Pfropfausbeutesteigerungen zur Folge. Zur Klärung des hier vorliegenden synergistischen Effektes sind noch weitere Untersuchungen notwendig.

Im Gegensatz zu einigen Hinweisen aus der Literatur [8] war bei den gepfropften und dann versalzten Proben keine Schmelzpunktserhöhung feststellbar. Die nachgewiesene leichte Erniedrigung der Schmelzpunkte mit steigenden Pfropfausbeuten (ungepfropftes Polyamid 6: 217 °C; bei 11,6% Pfropfausbeute: 213 °C, nach Überführung der Polyacrylsäure in ihr Ammoniumsalz: 215 °C; bei 45,2% Pfropfausbeute: 200 °C, nach Überführung der Polyacrylsäure in ihr Ammoniumsalz: 207 °C) beruht möglicherweise auf einem gewissen Abbau des Rückgratpolymeren im Zuge der Initiierungsreaktion.

Wegen des vorwiegend an der Oberfläche ablaufenden Ladungsabflusses bei antistatisch ausgerüstetem Textilmaterial reicht eine mit milden Reaktionsbedingungen, d. h. kürzesten Behandlungszeiten (siehe oben) erreichbare Begrenzung der Pfropfpolymerisation auf Oberflächenbereiche aus, so daß sich bei derartigen Antistatikausrüstungen Abbauerscheinungen am Rückgratpolymeren weitgehend vermeiden lassen. Die verschiedentlich angenommene Bildung eines geschlossenen „Polymerfilms" um einzelne Fasern dürfte allerdings

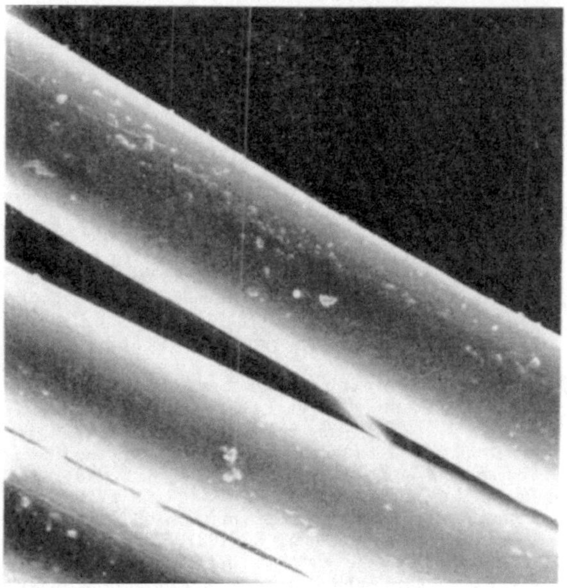

Bild 2a. STEREOSCAN-Aufnahme von unbehandeltem Polyamid-6-Faserstoff

Bild 2b. STEREOSCAN-Aufnahme von mit Polyacrylsäure gepfropftem (45,2% Pfropfausbeute) Polyamid-6-Faserstoff; Vergrößerung wie in Bild 2a

nach den rein visuellen Eindrücken (Bilder 2a und 2b) selbst bei größeren Pfropfausbeuten zumindest zweifelhaft sein. Wahrscheinlicher ist vielmehr, daß die durch das Reaktionsmedium (Acrylsäure) angequollene Faser (die Quellung konnte mikroskopisch nachgewiesen werden) eine höhere Accessibilität aufweist, so daß nicht nur in äußeren Bereichen Kettenstarts möglich sein sollten; die Pfropfkomponente fixiert dann im weiteren Verlauf den Quellungszustand (Bild 2b).

3. *Experimentelles*

Durchführungsbeispiel für die Pfropfreaktion:

Man kontaktiert ca. 2 g Polyamid-6-Gewebe 30 min lang bei 60°C mit einer Lösung von 474 mg Kaliumpermanganat in 300 ml dest. Wasser. Die dadurch mit dem braunen Mangan(IV)-Initiator behaftete Probe wird kurz gespült und dann während 60 min bei 60°C in einer Lösung aus 250 ml dest. Wasser, 3,3 ml konz. Salpetersäure und 5 ml Acrylsäure pfropfpolymerisiert. Eine Behandlung mit angesäuerter Natriumsulfitlösung beseitigt eventuelle Intiatorreste. Abschließend wäscht man die Probe intensiv und sorgfältig mit fließendem Wasser und bringt nach 30 min Trocknen bei 105°C zur Auswaage.

Die Pfropfausbeute betrug 35,1%, der Mangangehalt der Probe vor der Pfropfpolymerisation 0,27%.

Überführung der gepfropften Polyacrylsäure in ihr Ammoniumsalz:

Die gepfropfte Probe wird auf den durchlässigen Einsatz eines mit konz. Salmiakgeist beschickten Exsikkators gelegt, wobei die Behandlungsdauer variiert werden kann.

Mangananalyse:

Die Bestimmung des Mangangehalts der Faserstoffprobe erfolgte nach der früher angegebenen Methode [9]. Da auf diese Weise nur im Falle sehr geringer Manganmengen und bei genauer Einhaltung des geforderten pH-Wertes eine stöchiometrische Umsetzung gemäß

$$2\,MnO_4^- + 5\,AsO_3^{3-} + 6\,H^+ \rightarrow 5\,AsO_4^{3-} + 2\,Mn^{2+} + 3\,H_2O$$

abläuft, empfiehlt es sich, die Analysenberechnung mit Hilfe eines Faktors vorzunehmen; den Faktor erhält man durch Titration einer Permanganatlösung bekannten Mangangehalts mit der arsenigen Säure (n/100 normal) unter den in der Arbeitsvorschrift [9] angeführten Versuchsbedingungen (vgl. hierzu auch [12]). Günstiger dürfte es sein, die arsenige Säure vorzulegen, wobei ein Tropfen m/200 Kaliumjodidlösung als Katalysator zuzusetzen ist [13]. Von dem so indirekt ermittelbaren Verbrauch an n/100 arseniger Säure entspricht 1 ml 0,1099 mg Mn.

4. *Zusammenfassung*

Mangan(IV) ist ein geeigneter Initiator auch für Pfropfpolymerisationen auf Polyamid 6. Im Gegensatz zu den entsprechenden Cellulose-Makroradikalen sind die intermediär gebildeten Polyamid-6-Radikale relativ langlebig. Beim System Polyamid 6/Acrylsäure zeigte sich eine ähnliche Abhängigkeit der Höhe der Pfropfausbeuten von den Reaktionsbedingungen wie bei der früher untersuchten Kombination Cellulose/Acrylnitril. Versalzung der polymeren Säure in Polyamid 6/Polyacrylsäure-Pfropfcopolymerisaten führte zu sehr guten und darüber hinaus auch zu nach den üblichen Waschbehandlungen permanenten Antistatikeffekten, wobei für praktische Zwecke Copolymerisate mit ca. 5 bis 8% Pfropfausbeute am günstigsten erscheinen. Im Falle der Überführung der gepfropften Polyacrylsäure in ihr Ammoniumsalz durch Einwirkung einer gesättigten Ammoniakatmosphäre kann die von *Pikovskaja* u. Mitarb. für letzteres angegebene Zeitdauer (24 h) ganz wesentlich gesenkt werden.

Gedankt sei Frau *U. Sontag*, Forschungsinstitut für Textiltechnologie Karl-Marx-Stadt, für die Anfertigung der STEREOSCAN-elektronenmikroskopischen Aufnahmen sowie der Abteilung Physiklabor des Forschungsinstituts für Textiltechnologie Karl-Marx-Stadt für die Unterstützung bei der Prüfung des Antistatikeffektes. Ein Teil der Untersuchungen wurde von *A. Bergt* und *S. Tittelbach*, Erweiterte Oberschule „Dr. Theodor Neubauer“, Karl-Marx-Stadt, durchgeführt.

Die vorliegende Arbeit ist Herrn Dr. *Freimut Schönherr*†, Rudolstadt-Schwarza, gewidmet, dessen beabsichtigte Mitwirkung nicht mehr zustande kam.

Literatur

[1] *Uhlig, E.*, und *Teichmann, R.*: Pfropfpolymerisation auf Cellulose nach der Mangan(IV)-Methode. I. Synthese der Pfropfprodukte. Faserforsch. u. Textiltechnik **22** (1971) 12, S. 610–617.
Uhlig, E., und *Teichmann, R.*: Über die Initiierung der Pfropfpolymerisation von Acrylnitril auf Cellulose durch Mangan(IV). Faserforsch. u. Textiltechnik **20** (1969) 9, S. 451.

[2] *Rath, H.*: Lehrbuch der Textilchemie. 2. Aufl. Berlin/Göttingen/Heidelberg: Springer 1963, S. 296, 303. Teinture du Nylon en nuances solides. Teintex, Paris **7** (1942) S. 341–343.

[3] *Valk, G.*, und *Krüßmann, H.*: Untersuchungen zum Mechanismus des thermooxydativen Abbaus von Polycaprolactam. Angew. Chemie **79** (1967) 22, S. 1021.

[4] *Haworth, S.*, und *Holker, J. R.*: Cerium-initiated polymerization of some vinyl compounds in polyamide fibres. J. Soc. Dyers Colourists **82** (1966) 7, S. 257–264.

[5] *Rieche, A.*, und *Schön, W.*: Luftoxydation von ε-Caprolactam und thermische Umwandlung der Oxydationsprodukte. Kunststoffe **57** (1967) 1, S. 49–52.

[6] *Teichmann, R.*: Untersuchungen zur Initiierung der Pfropfpolymerisation auf Cellulose. Dissertation Universität Jena 1970.

[7] *Uhlig, E.*, und *Teichmann, R.*: Pfropfpolymerisation auf Cellulose (Baumwolle), initiiert durch aktiven Braunstein. Faserforsch. u. Textiltechnik **19** (1968) 5, S. 239.

[8] *Bouillon, G.*: Modifizierungsreaktionen an Polyamidfäden. Eine Literaturübersicht. Teil I. Pfropfcopolymerisationen mit Styrol und Styrolderivaten. Teil II. Pfropfcopolymerisation mit Acrylsäure, Acrylsäurederivaten und weiteren ungesättigten organischen Verbindungen. Faserforsch. u. Textiltechnik **21** (1970) 8, S. 348–359; **22** (1971) 1, S. 34–41.

[9] *Uhlig, E.*, und *Teichmann, R.*: Pfropfpolymerisation auf Cellulose nach der Mangan(IV)-Methode. II. Analytische Untersuchungen an Cellulose/Polyacrylnitril-Pfropfcopolymeren. Faserforsch. u. Textiltechnik **23** (1972) 4, S. 148–156.

[10] *Pikovskaja, O. G.*, *Vlasov, A. V.*, *Tokareva, L. G.*, *Cetlin, B. L.*, und *Malachova, L. I.*: Ein Weg zum Vermindern der statischen Aufladung von Synthesefaserstoffen und aus ihnen hergestellten Textilien. Tekstil. Prom., Moskva (Textil-Ind.) **31** (1971) 7, S. 59–60; dt. in: Sowj. Beitr. Faserforsch. Textiltechnik **8** (1971) 11, S. 595–596.

[11] TGL 142-2055: Textilprüfung; Bestimmung des elektrischen Widerstandes von Faserstoffen und Textilien.

[12] *Praeger, K.*: Ein Beitrag zur Bestimmung von Mangan in lichtstabilisierten Polyamidfaserstoffen und -textilien. Faserforsch. u. Textiltechnik **18** (1967) 6, S. 295–297.

[13] *Lang, R.*: Zur Anwendung der Jodkatalyse bei der Titration von arseniger Säure und von Permanganat. Fresenius' Z. analyt. Chemie **85** (1931) 5/6, S. 176–180.
Lang, R.: Über die Katalyse der Reaktion zwischen arseniger Säure und Übermangansäure und deren analytische Anwendung. Z. anorg. Chemie **152** (1926) 2, S. 197–206.

Eingegangen am 23. Mai 1973

Untersuchungen zur chemischen Beständigkeit der Glasseide

Gottfried Wiedemann und Horst Frenzel

Akademie der Wissenschaften der DDR, Institut für Technologie der Fasern in Dresden

DK 677.521:677.019.34:677.017.635.3:677.017.635.2:677.014.8

Einige durch Einwirkung von Wasser, Mineralsäuren und Alkali bewirkte Veränderungen der Glasseidenstruktur und -oberfläche von alkaliarmer und alkalireicher Glasseide wurden untersucht. Während Alkali die Glasseidenstruktur völlig zerstört, werden bei Mineralsäurebeanspruchungen in Abhängigkeit vom Thermobehandlungszustand selektiv Netzwerkwandler herausgelöst.

Исследование химической устойчивости стекловолокна

Изучены некоторые изменения структуры и поверхности образцов стекловолокна с высоким и низким содержанием щелочных металлов, наблюдаемые в результате воздействия воды, минеральных кислот и щелочи на волокно. В то время как воздействие щелочи приводит к полному разрушению структуры волокна, при воздействии минеральных кислот в зависимости от состояния термической обработки волокна наблюдается избирательное растворение веществ, изменяющих сетчатую структуру волокна.

Investigations of the chemical Resistance of Glass Filament Yarns

The structural charges in glass filaments yarns caused by water, anorganic acids and alkali have been investigated. While the structure is completely destroyed by alkali, the attack of anorganic acids results, depending on thermal treatment, in selective elimination of network modifiers.

Einleitung

Die Einwirkung von Chemikalien unterschiedlichster Art auf Glas und hieraus gezogene Folgerungen sowie Untersuchungen an entsprechend behandelten Proben mit Hilfe mikroskopischer, physikalischer und physikalisch-chemischer Methoden sind für die Glasstrukturforschung äußerst wichtig. So führten gezielte Auslaugmethoden in Verbindung mit der Elektronenmikroskopie zur Theorie der Mikrophasigkeit des Glasaufbaues und der Phasentrennung, die die Grundlage zum Herausarbeiten völlig neuer Eigenschaften des Werkstoffes Glas bildet. Auf dem Gebiet der Glasseide sind bisher nur vereinzelte Ansätze in dieser Richtung zu beobachten. Obwohl der Werkstoff Glas allgemein durch seine Beständigkeit gegenüber Chemikalien gekennzeichnet wird, üben Säure-, Basen- und Wassereinwirkungen einen mehr oder weniger bestimmenden Einfluß aus, wobei der Angriff von Flußsäure auf Glas am bekanntesten ist. Im folgenden sollen einige Aspekte der Einwirkung von Wasser, Mineralsäuren und Basen auf Glasseide verschiedener Zusammensetzung behandelt werden.

1. Versuchsmaterialien

Für die Untersuchungen wurden alkaliarme (E-Glasseide) und alkalireiche Glasseide (A-Glasseide), deren chemische Zusammensetzung in Tabelle 1 angegeben ist, verwendet.

Die E-Glasseide wurde nach dem Düsenzieh-, die A-Glasseide nach dem Stabziehverfahren ersponnen.

Als Behandlungsreagentien dienten dest. Wasser, Schwefelsäure, Salzsäure sowie Natronlauge unterschiedlicher Konzentration.

Tabelle 1. Chemische Zusammensetzung der Glasseide (Masse%)

	E-Glas	A-Glas
SiO_2	53,5···54,5	66,6
Al_2O_3	15,0···16,0	3,5
CaO	15,5···17,0	7,1
MgO	4,0··· 5,0	4,5
Na_2O }	0 ··· 0,5	10,7
K_2O }		5,7
B_2O_3	8,5···10,2	1,9

2. Methodisches

Zum Darstellen der Änderungen der Glasseidenstruktur und zum Charakterisieren der Oberflächenveränderungen der Glasseide wurden folgende Methoden benutzt:

Bestimmen der Masseverluste infolge selektiver Lösevorgänge an E-Glasseide,
Untersuchungen zur Alkaliabgabe bei A-Glasseide,
Wasser-Adsorptionsisothermen und Ermittlung der spezifischen Oberflächen hieraus [1],
Bestimmung des Wassergehaltes nach *Karl Fischer* und elektronenmikroskopische Aufnahmen.

3. Einwirkung von Wasser, Säuren und Basen auf Glasseide

3.1. Grundlagen

Der erste Schritt der Reaktion der Glasseidenoberfläche mit Wasser ist seine Adsorption. Die adsorbierten Wassermoleküle hydrolysieren die Siloxanbindung durch Protonenanlagerung an das Sauerstoffatom. Danach kommt es zur Aufspaltung der Si-O-Bindung und Absättigung der freien Valenz am Si-Kation durch die Hydroxylgruppe [2]:

$$\equiv\!Si{-}O{-}Si\!\equiv \;\rightarrow\; \equiv\!Si{-}\overset{\delta^-}{O} \cdots \overset{\delta^+}{Si} \;\rightarrow\; \equiv\!Si{-}OH + HO{-}Si\!\equiv.$$
$$H^+\;OH^- \qquad\quad H^+ \nearrow \qquad \uparrow OH^-$$

In alkalihaltigen Gläsern setzt in derselben Weise der elektrophile Angriff des Protons auf das negativ geladene Sauerstoffatom der $= Si - O - M$-Bindung ein, wodurch es praktisch zu einem Ionenaustausch zwischen Alkali- bzw. Erdalkaliionen (Netzwerkwandler) und H^+ bzw. H_3O^+ unter Bildung von SiOH-Gruppen kommt:

$$\equiv\!Si{-}OM^+ + H^+ \rightarrow \equiv\!Si{-}OH + M^+.$$

Als Reaktionsprodukte entstehen NaOH, $Ca(OH)_2$ und hydratisierte Natriumsilicate. Durch Verarmung an H^+-Ionen kann der Vorgang in einen alkalischen Angriff übergehen. Dieser führt durch Sprengen der

Tabelle 2. Zusammenstellung der Art des Gelösten (in %) für E-Glasseide bei Einwirkung verschiedener Medien (jeweils 8 h, 95 bis 100 °C)

Ausgangs-zusammen-setzung	SiO_2	Al_2O_3	Fe_2O_3	CaO	MgO	B_2O_3
	53,8	14,9	0,3	17,1	4,7	8,7
H_2O	0,2	0,2	—	0,2	0,1	0,7
2 n H_2SO_4	1,7	14,6	0,3	16,6	4,6	8,6
2 n NaOH	25,6	7,3	0,2	8,4	1,3	6,3

Siloxanbindung und Bildung von Si—O—Na-Gruppen zu einer vollständigen Auflösung des Glases, z. B. [3].

Bei Mineralsäurebeanspruchungen handelt es sich um selektive Lösevorgänge, bei denen insbesondere netzwerkwandelnde Kationen die Struktureinheiten durch Diffusion verlassen. Ein Aufbrechen bzw. Lösen der Hauptnetzwerkbildner (Si—O—Si) bzw. ein chemischer Umbau dieser Bindungen tritt im wesentlichen nicht ein [4]. Dagegen werden auch bestimmte Glasbildner, wie B_2O_3, herausgelöst.

Als Beispiel ist in der Tabelle 2 die Art des Gelösten (in %) für E-Glasseide nach Einwirkung verschiedener Medien zusammengestellt.

3.2. Einwirkungen von Wasser und Mineralsäuren

3.2.1. A-Glas

Bekanntlich kommt den einwertigen Kationen eine ausgeprägte Beweglichkeit im Glas zu, und es wurden deshalb Untersuchungen zur Abgabe von Na_2O insbesondere beim Variieren des Thermobehandlungszustandes der A-Glasseide durchgeführt.

Die Alkaliabgabe in Wasser (98 °C, 1 h), berechnet als Na_2O-Abgabe für jeweils gleiche Oberflächen, als Funktion vorangegangener Thermobehandlungsprozesse am Glasfaden ist unter Angabe einiger Zeitparameter bei der Temperung aus Bild 1 ersichtlich.

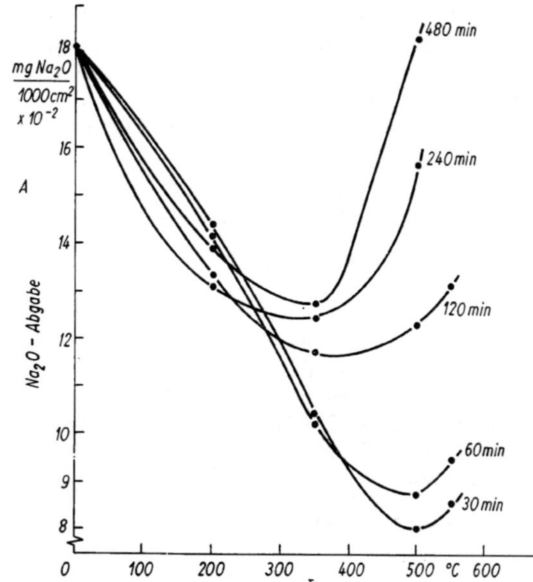

Bild 1. Na_2O-Abgabe in H_2O
$A = f(T)$ für versch. t
A-Glasseide 10 µm Durchmesser

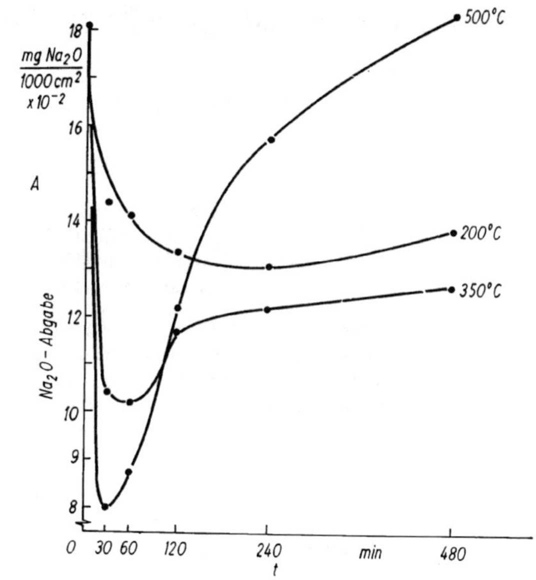

Bild 2. Na_2O-Abgabe in H_2O
$A = f(t)$ für versch. T
A-Glasseide 10 µm Durchmesser

Aus Bild 1 folgt, daß mit steigender Temperatur ein Na_2O-Abgabeminimum durchlaufen wird, das sich mit wachsender Temperzeit zu jeweils höheren Abgabewerten verschiebt. Bei Zeiten > 5 h wird das Ausgangsniveau der Alkaliabgabe wieder erreicht und strebt größeren Werten zu. Für den ersten Kurvenabschnitt (fallende Tendenz der Na_2O-Abgabe) bedeutet das ein Vermindern der Beweglichkeit der Kationen, was mit Strukturverdichtungen durch die Thermobehandlung in Zusammenhang gebracht werden kann.

Zur besseren Deutung wurde die Alkaliabgabe der Glasseide mit der des Massivglases gleicher chemischer Zusammensetzung verglichen. Hierzu wurden die Meßpunkte der Beziehung Alkaliabgabe $A = f(T)$ für verschiedene t (Bild 1) als Beziehung $A = f(t)$ für verschiedene T dargestellt (Bild 2) und mit den Ergebnissen an Massivglas verglichen (Bild 3).

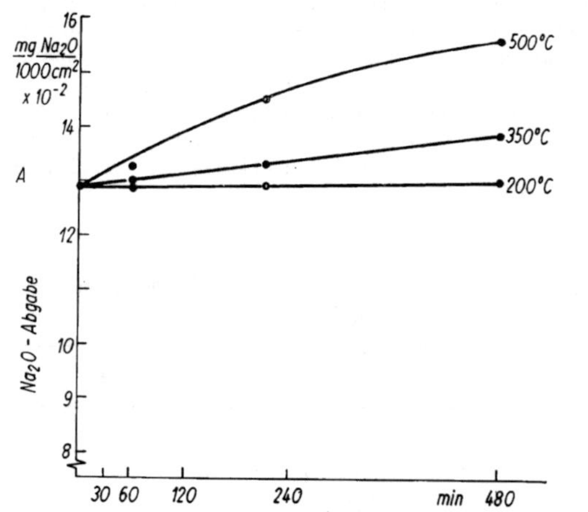

Bild 3. Na_2O-Abgabe in H_2O
$A = f(t)$ für versch. T
A-Massivglas, gepulvert, gleiche Korngröße

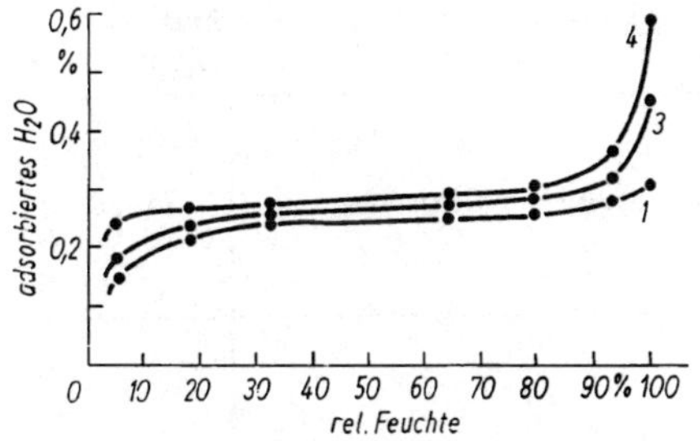

Bild 4. Wasseradsorption an A-Glasseide 9 µm Durchmesser
$H_2O_{ads} = f$ (rel. Feuchte)
für verschiedene Vorbehandlungen:
1: unbehandelt
3: 1 n H_2SO_4, 80 °C, 1 h
4: 3 n H_2SO_4, 80 °C, 1 h

Für das Massivglas kann festgestellt werden, daß mit steigender Temperatur und Verweilzeit die Alkaliabgabe ansteigt, was sich, wie bereits für andere Glaszusammensetzungen gezeigt wurde [5], aus der *Nernst*schen Form des *Fick*schen Diffusionsgesetzes ergibt: Die Menge des diffundierenden Stoffes ist proportional der Temperatur, der Zeit, dem Querschnitt und dem Konzentrationsgradienten und indirekt proportional dem Reibungswiderstand. Aus den Untersuchungen ergibt sich für die Glasseide, daß im Gegensatz zum Massivglaszustand der gleichen Zusammensetzung eine größere Kationenbeweglichkeit gegeben ist, was auf eine geringere Behinderung durch die Netzwerkbildner, also auf eine offenere Struktur hinweist. Temperungen der Glasseide behindern zunächst das Migrationsvermögen der Netzwerkwandler, offensichtlich bewirkt durch Strukturverdichtungen. Diesem Vorgang entgegengerichtet ist das Erhöhen der Diffusionsgeschwindigkeit durch Temperaturerhöhungen, wodurch der erstgenannte Vorgang abgebremst wird (Minimumdurchgang) und im weiteren Verlauf der letztgenannte Vorgang dominiert.

Bild 4 zeigt die Wasseradsorptionsisothermen in Abhängigkeit von verschiedenen Vorbehandlungszuständen.

Die Oberflächenstruktur der A-Glasseide wird hiernach durch Mineralsäurebehandlungen nur unwesentlich verändert, was darauf zurückgeführt wird, daß die zweiwertigen Kationen in dieser Glaszusammensetzung gegenüber E-Glas stark vermindert sind und die einwertigen Kationen auf Grund ihres Ionenvolumens außerordentlich feine Poren hinterlassen, die durch die Wasserdampfadsorption offenbar nicht in dem Maße erfaßt werden.

3.2.2. E-Glas

Da E-Glas vorwiegend zweiwertige Kationen als Netzwerkwandler enthält, die fester in die Glasstruktur eingebaut sind und deshalb weniger beweglich sind als Alkaliionen, wurde der Glasangriff nur mit Mineralsäuren unterschiedlicher Konzentration durchgeführt.

Bild 5 zeigt Art und Menge der durch verdünnte Schwefelsäure aus der E-Glasseide gelösten Glasbestandteile in Abhängigkeit von der Konzentration und der Temperatur.

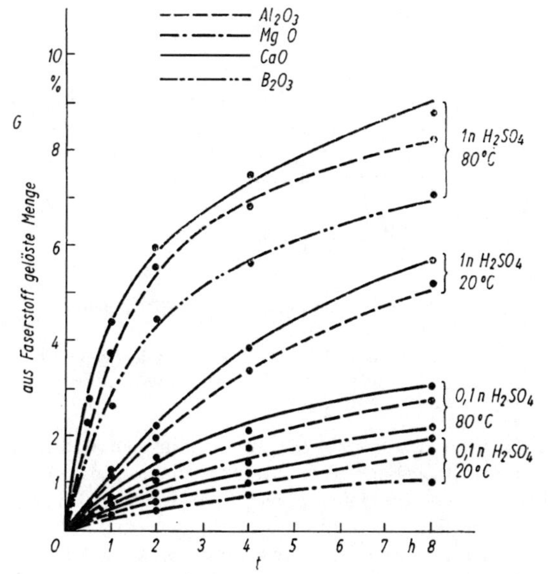

Bild 5. Aus E-Glasseide (9 µm Durchmesser) Gelöstes
$G = f(t)$ für versch. K und T
$K = 0{,}1$ n und 1 n H_2SO_4
$T = 20$ und 80 °C

Aus Bild 5 ist ersichtlich, daß mit steigender Konzentration, Zeit und Temperatur in erhöhtem Maße die zweiwertigen Kationen Mg und Ca aus der Glasseide herausgelöst werden, wobei der Angriff nicht nur auf die Glasseidenoberfläche selbst beschränkt ist. Aber auch Al_2O_3, das sowohl als Netzwerkwandler als auch als Netzwerkbildner fungieren kann, sowie $^2/_3$ der netzwerkbildenden B_2O_3-Menge wurden gelöst.

Bild 6 zeigt die Ergebnisse von Löseuntersuchungen an variiert thermisch vorbehandelter E-Glasseide.

Hierbei zeigt sich, daß durch thermisch bewirkte Strukturumwandlungen der Austritt von Kationen behindert wird, und zwar vermutlich durch eingetretene Verdichtungsvorgänge.

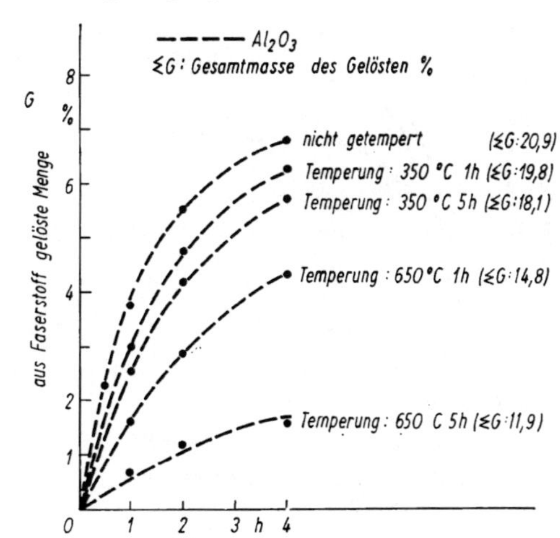

Bild 6. Aus E-Glasseide (9 µm Durchmesser) Gelöstes
$G = f(t)$
$K = 1$ n H_2SO_4
$T = 80$ °C
vor der Säurebehandlung variiert getempert

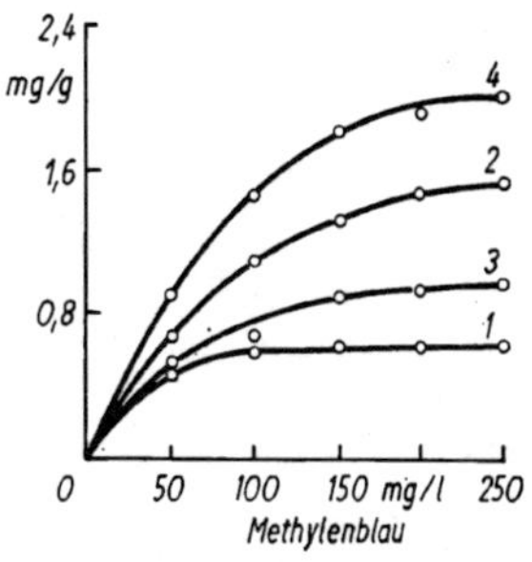

Bild 7. Methylenblauadsorption an E-Glasseide
9 µm Durchmesser; $K = 0{,}1$ n HCl
1: 20 °C, 1 h 3: 20 °C, 6 h
2: 100 °C, 1 h 4: 100 °C, 6 h

Zum Charakterisieren der durch Säurebehandlungen bewirkten Oberflächenveränderung dienten die Verfahren der Methylenblauadsorption und der Wasseradsorption.

Bild 7 zeigt, daß bei Einwirkung von 0,1n HCl mit zunehmender Behandlungsdauer und -temperatur die Oberflächengröße zunimmt. Bei Behandlung mit stärkeren Mineralsäuren wird durch Methylenblauadsorption keine Oberflächenvergrößerung festgestellt, was sich dadurch erklären läßt, daß bei Einwirkung stärkerer Mineralsäuren sehr feine Poren mit einem Radius von < 10 Å entstehen [6], in die das relativ große Farbstoffmolekül [7] nicht mehr eindringen kann. An Alkalisilicatgläsern wurde gezeigt [8], daß diese Poren zwar Wasser adsorbieren, jedoch bereits für Methanolmoleküle unzugänglich sind.

Deshalb wurden Wasseradsorptionsisothermen in Abhängigkeit von verschiedenen Vorbehandlungszuständen aufgenommen. Die Möglichkeit des Anwendens dieser Methode wurde auf Literaturangaben gestützt [9], wonach erst bei rel. Feuchten $> 60\%$ Kapillarkondensation stattfindet, es aber bis zum genannten Wert durch Sorption zur Monoschichtausbildung kommt.

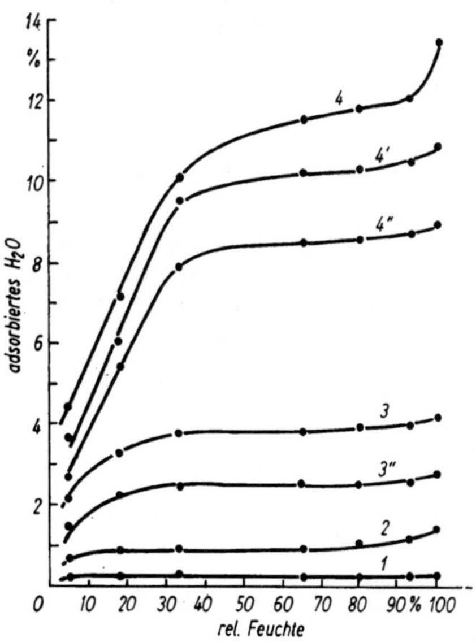

Bild 8. Wasseradsorption an E-Glasseide 9 µm Durchmesser
$H_2O_{ads} = f$ (rel. Feuchte) für verschiedene Vorbehandlungen:
1: keine 3: 1 n H_2SO_4, 80 °C, 1 h
2: 0,1 n H_2SO_4, 80 °C, 1 h 4: 3 n H_2SO_4, 80 °C, 1 h
′: Wärmebehandlung vor chem. Behandlung 350 °C, 5 h
″: Wärmebehandlung vor chem. Behandlung 650 °C, 5 h

Tabelle 3. Spezifische Oberfläche (berechnet aus Wasseradsorptionsisothermen) von E-Glasseide, 9 µm *Durchmesser*

Behandlung der Glasseide	Spez. Oberfläche (abgerundete Werte) m^2/g
keine	8
0,1 n H_2SO_4 80 °C 1 h	25
1 n H_2SO_4 80 °C 1 h	100
1 n H_2SO_4 80 °C 1 h, vorher wärmebehandelt 650 °C 5 h	65
3 n H_2SO_4 80 °C 1 h	310
3 n H_2SO_4 80 °C 1 h, vorher wärmebehandelt 350 °C 5 h	270
3 n H_2SO_4 80 °C 1 h, vorher wärmebehandelt 650 °C 5 h	220

Die Wasseradsorptionsisothermen für E-Glasseide sind aus Bild 8 ersichtlich. Hieraus ist zu erkennen, daß mit steigender Säurekonzentration eine höhere Wasserdampfsorption eintritt, die auf eine jeweils größere spezifische Oberfläche und damit größere Oberflächenporigkeit schließen läßt. Durch Thermobehandlungen verringert sich die Oberflächenporigkeit der Glasseide. Für die verschiedenen Behandlungszustände der E-Glasseide wurde aus den Adsorptionsisothermen die spezifische Oberfläche berechnet [1], deren Werte in Tabelle 3 angegeben sind. Die Werte der Tabelle 3 bestätigen die oben gemachten Aussagen.

3.3. Einwirkung von Alkalien

Zur Untersuchung der Wirkung von Alkalien wurde E-Glasseide unter Variation von Temperatur und Behandlungsdauer mit NaOH unterschiedlicher Konzentration behandelt. Bild 9 zeigt die Methylenblauadsorption an mit NaOH behandelter E-Glasseide.

Aus Bild 9 ist ersichtlich, daß NaOH-Behandlungen bei höherer Temperatur eine starke Oberflächenver-

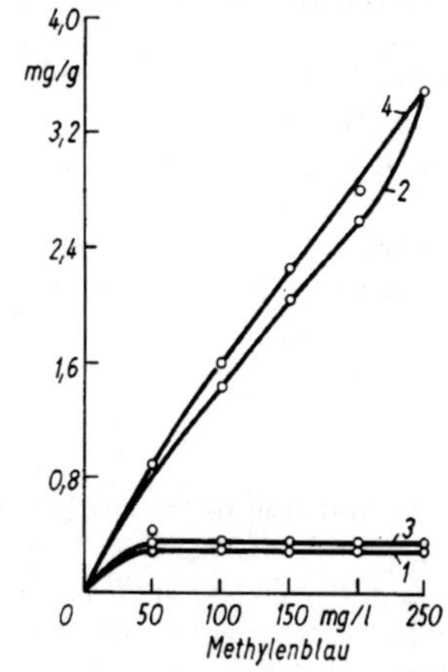

Bild 9. Methylenblauadsorption an E-Glasseide
6 µm Durchmesser; $K = 0{,}1$ n NaOH
1: 20 °C, 1 h 3: 20 °C, 6 h
2: 100 °C, 1 h 4: 100 °C, 6 h

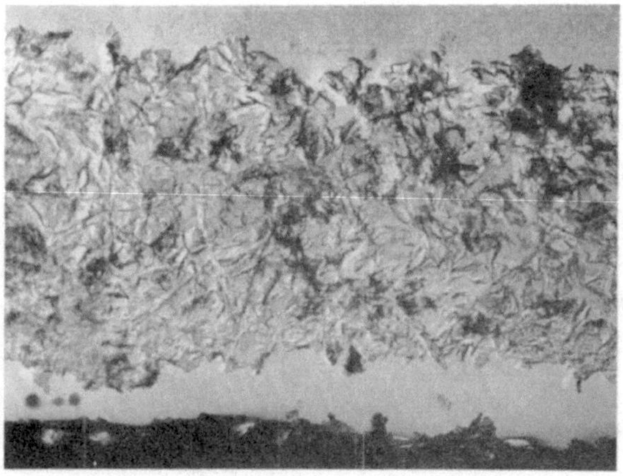

Bild 10. Elektronenmikroskopische Aufnahme von E-Glasseide, behandelt mit 2 n NaOH, 1 h, 100 °C
Vergrößerung 6400:1

Bild 11. Elektronenmikroskopische Aufnahme — Schattenbild — von E-Glasseide, behandelt mit 2 n NaOH, 1 h, 100 °C
Vergrößerung 6400:1

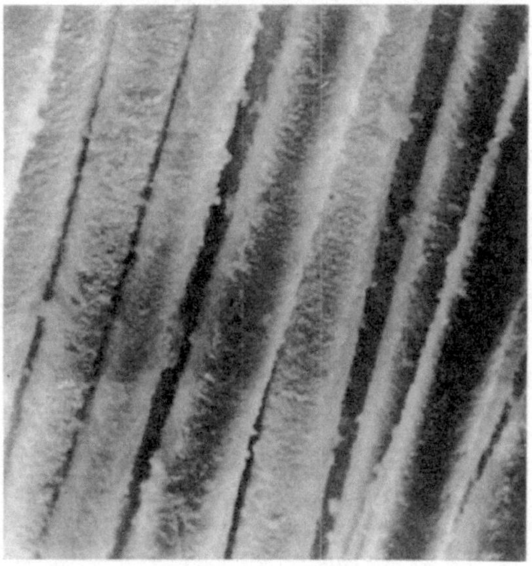

Bild 12. Rasterelektronenmikroskopische Aufnahme von Glasseide, behandelt mit 2 n NaOH, 1 h, 100 °C
Vergrößerung 2150:1

größerung der Glasseide bewirken. Durch Bestimmen der spezifischen Oberfläche aus Wasser- und Stickstoffadsorptionsisothermen (BET-Verfahren) konnte diese Annahme bestätigt werden.

Die Bilder 10 bis 12 zeigen elektronenmikroskopische Aufnahmen NaOH-behandelter E-Glasseide. Die elektronenmikroskopischen Aufnahmen lassen erkennen, daß durch Einwirkung von heißer NaOH auf E-Glasseide unter Bildung von Natriumsilicatgel eine völlige Zerstörung des Faserstoffes eintritt.

4. Zusammenfassung

Einige durch Einwirkung von Wasser, Mineralsäuren und Alkali bewirkten Veränderungen der Glasseidenstruktur und -oberfläche von alkaliarmer (E-Glas) und alkalireicher (A-Glas) Glasseide wurden untersucht. Die Wasser- und Alkalibehandlung führt zu einem Aufspalten der Siloxanbindungen unter Bildung von Silanolgruppen, wobei durch Alkali die Glasseide aufgelöst wird. Bei Mineralsäurebeanspruchungen handelt es sich um selektive Lösevorgänge, bei denen insbesondere netzwerkwandelnde Kationen die Struktureinheiten durch Diffusion verlassen.

Durch Bestimmen der aus den Glasseiden herausgelösten Kationen kann geschlossen werden, daß die Glasseide im Gegensatz zum Massivglas eine offenere Struktur aufweist, die durch Thermobehandlung verdichtet wird.

Mit steigender Konzentration der Mineralsäure wird die spezifische Oberfläche der Glasseide infolge Porenbildung zunehmend vergrößert.

Literatur

[1] *Gregg, S. J.*: Oberflächenchemie fester Stoffe. Berlin: Verlag Technik 1958.

[2] *Franz, H.*, und *Kelen, T.*: Erkenntnisse über die Struktur von Alkalisilikatgläsern und -schmelzen aus dem Einbau von OH-Gruppen. Glastechn. Ber. **40** (1967) 4, S. 141 bis 148.

[3] *Holland, L.*: Surface chemistry and corrosion of glass. Part I. II. Glass Ind. **44** (1963) 4, S. 191—195; 5, S. 268—272, 295—297.

[4] *Ždanov, S. P.*, *Jastrebova, L. S.*, *Koromaldi, E. V.*, und *Chvoščev, S. S.*: Struktur des Silicium-Sauerstoffskeletts von Alkalisilikatgläsern nach den Ergebnissen der Untersuchung ihrer Auslaugungsprodukte. Bericht über die 4. Allunionskonferenz über den Glaszustand, 1964, S. 122—126.

[5] *Williams, H. S.*, und *Weyl, W. A.*: Surface dealcalization of finished glassware. Glass Ind. (1945) 6, S. 275—301; (1965) 7, S. 324—344.

[6] *Ždanov, S. P.*, und *Koromaldi, E. V.*: Über die Strukturbesonderheiten von Natriumborosilicatgläsern in Beziehung zu ihrer chemischen Stabilität. 1. Mitt.: Untersuchung der chemischen Stabilität einiger wenig Alkali enthaltender Natriumborosilicatgläser und Struktur der Auslaugungsprodukte. Dokl. Akad. Nauk SSSR, Otd. chim. Nauk (Ber. Akad. Wiss. UdSSR, Ausg. chem. Wiss.) (1959) S. 626—636.

[7] *Graham, D.*: Characterization of physical adsorption systems. III. The separate effects of pore size and surface acidity upon the adsorbent capacities of activated carbons. J. physic. Chem. **59** (1955) S. 896—900.

[8] *Jastrebova, L. S.*, und *Ždanov, S. P.*: Auslaugungsprodukte silicatreicher Alkalimetallsilicatgläser. Ž. prikl. Chimii (Z. angew. Chemie) **37** (1964) S. 1442—1446.

[9] *Diemunsch, J.*, und *Chabert, J.*: Beitrag zur Untersuchung der Eigenschaften von Glasseide und -geweben, die zur Herstellung von Verbundwerkstoffen für die Elektroindustrie geeignet sind. Teil I: Untersuchung des Einflusses einiger Parameter auf die Wasserdampfsorption von Textilglas. Bull. Inst. Textile France **19** (1965) 121, S. 879—900.

Eingegangen am 21. Mai 1973

Zur Bestimmung der Hohlraumstruktur von PVY-Faserstoffen mittels Röntgenkleinwinkelstreuung[1])

Ernst Walenta und Michael Teichgräber
Akademie der Wissenschaften der DDR, Institut für Polymerenchemie, Abteilung Physik

DK 677.494.745.32:677.014.845:539.25:677.014.87:677.019.2:532.528

Die Röntgenkleinwinkelstreuung (RKWS) hat für die Untersuchung der Hohlraumstruktur von Polymeren zunehmend Bedeutung erlangt. Im Folgenden wird über die Bestimmung der Größenverteilung der Hohlräume in PVY-Modellfäden auf der Grundlage eines früher vorgeschlagenen Verfahrens berichtet. Durch vergleichende elektronenmikroskopische Aufnahmen wird sichergestellt, daß es sich bei der RKWS um eine Hohlraumstreuung handelt.

Об определении пористой структуры ПАН-волокон методом рассеяния рентгеновских лучей под малым углом

Метод рассеяния рентгеновских лучей под малым углом приобрел возрастающее значение. В работе приводятся данные об определении распределения пор по размерам в модельных нитях ПАН при применении заранее предложенного метода. При помощи сравнительной электронной микроскопии показано, что рассеяние рентгеновских лучей под малым углом действительно осуществляется порами.

The Dertermination of Voids in Polyacrylonitrile Fibres by Small Angle X-Ray Scattering

Small angle X-ray scattering acquired growing importance for the determination of voids in polymers. The size distribution of voids in polyacrylonitrile model filaments has been determined by a method reported previously. Comparative electron microscopic investigations proved the small angle X-ray scattering to be caused by voids.

1. Einleitung

Verarbeitungs- und Gebrauchseigenschaften von Polyacrylnitrilfasern (PVY) hängen in starkem Maße von der vorhandenen Hohlraumstruktur ab. Das erklärt das große Interesse an geeigneten Methoden zur Untersuchung der Größenverteilung und des Volumenanteils der Hohlräume. Bisher wurden hierfür Dichtebestimmungen, Licht- und Elektronenmikroskopie, Tieftemperaturgasabsorption und Quecksilberporosimetrie eingesetzt [1 bis 7]. Neuerdings hat die Methode der Röntgenkleinwinkelstreuung (RKWS) bei der Untersuchung der Hohlraumstruktur von Polymeren Bedeutung erlangt [8 bis 10].

Es ist bekannt, daß zwischen der Intensität der RKWS von PVY-Fasern und dem Hohlraumvolumen ein Zusammenhang besteht [9, 11, 12]. Über eigene Untersuchungen zur quantitativen Bestimmung des Hohlraumvolumens von PVY-Modellfäden aus der Absolutintensität der RKWS wurde bereits berichtet [13]. Die vorliegende Arbeit beschäftigt sich mit der Bestimmung der Größenverteilung der Hohlräume.

2. Experimentelles

Bei den untersuchten Präparaten handelt es sich um PVY-Modellfäden, die nach dem Naßspinnverfahren aus einer 17%igen PVY-Lösung mit Dimethylformamid (DMF) als Lösungsmittel hergestellt wurden. Die eingesetzten Fällbäder waren ein DMF/Wasser-Gemisch im Verhältnis 60:40 (Tabelle 1, Proben der Gruppe A) bzw. Butanol (Probe B).

Bei der Nachbehandlung wurden die Proben entweder luftgetrocknet oder geschrumpft, d. h. nach der Reckung 30 min in Wasser bei 100 °C behandelt und anschließend 2 h bei 80 °C getrocknet (Tabelle 1, letzte Spalte).

Für die Bestimmung der Streukurven wurde eine Kleinwinkelkamera nach *Kratky* eingesetzt [14]. Die Registrierung der gestreuten Intensität erfolgte mit Hilfe eines Proportionalzählrohres im Analysatorbetrieb. Die Streukurven wurden rechnerisch nach einem hierfür entwickelten EDV-Programm entschmiert. Die auftretenden Rechnungen in dieser Arbeit wurden mit einem Kleinrechner vom Typ SER 2d durchgeführt.

[1]) Auszug aus der Dissertation von *E. Walenta*, Merseburg 1971.

Tabelle 1. Bezeichnung der PVY-Präparate

Präparat	Fällbad	Reckung	Nachbehandlung
A_1	DMF/Wasser	1:1	luftgetrocknet
A_2		1:6	luftgetrocknet
A_3		1:6	geschrumpft
B	Butanol	1:6	geschrumpft

3. Theorie

Ausgehend von theoretischen Überlegungen von *Teichgräber*, haben wir ein neues Verfahren zur Auswertung der RKW-Streukurven polydisperser Systeme vorgeschlagen [15, 16].

Bei einem solchen System kann es sich sowohl um Partikeln in einer verdünnten Lösung als auch um Hohlräume in einem Festkörper handeln. Nach dem Reziprozitätsgesetz der RKWS (z. B. [17]) erhält man in beiden Fällen — gleiche Größe und Form der Inhomogenitäten vorausgesetzt — gleiche Streukurven.

Das neue Verfahren basiert auf der Auswertung der *Fourier*-Koeffizienten sowohl der tranformierten Streufunktion als auch der Partikelverteilungsfunktion und ist frei von Voraussetzungen über den speziellen Typ der Verteilungsfunktion.

Setzt man die gesuchte Verteilungsfunktion der Partikeldurchmesser als Stufenfunktion mit M_0 Stufen an, bezeichnet man weiterhin mit P_m die Höhe und Δ_m die Breite der m-ten-Stufe, so können die folgenden Beziehungen hergeleitet werden:

$$n^2 b_n = \frac{N}{2\pi^2} \sum_{m=1}^{M_0} a_{nm} P_m, \quad n = 1, 2, \ldots, N_0. \tag{1}$$

Diese Relationen stellen ein lineares Gleichungssystem zur Bestimmung der gesuchten Größen P_m dar; b_n sind aus der experimentellen Streukurve berechenbare Reihenkoeffizienten, N ist ein für die Auswertung unwesentlicher Proportionalitätsfaktor und a_{nm} sind

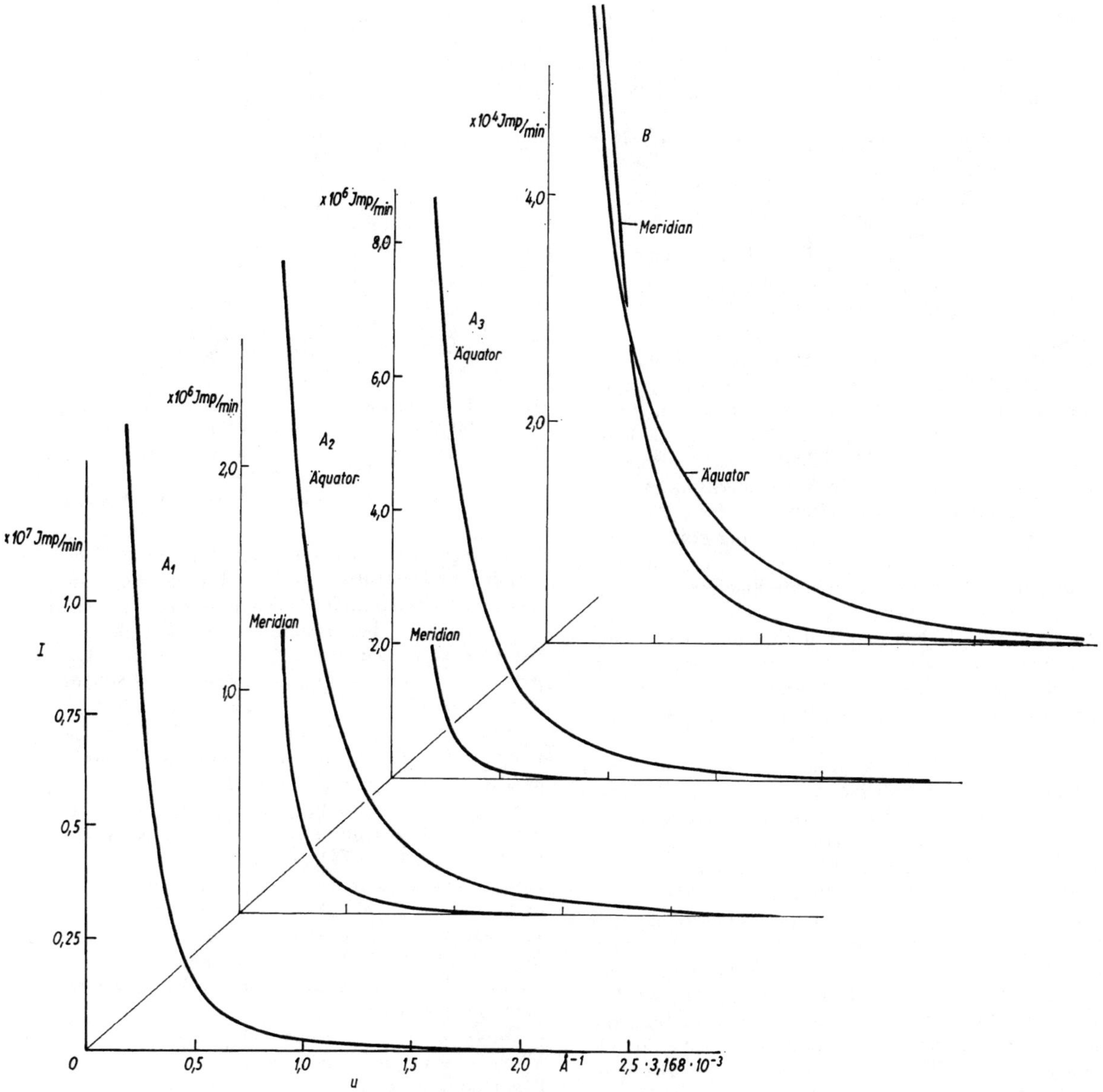

Bild 1. Äquator- und Meridian-Kleinwinkelstreuung der PVY-Präparate
Bezeichnung der Präparate s. Tabelle 1

die Elemente einer Koeffizientenmatrix, gegeben durch

$$a_{nm} = \int_{\Delta m} \delta^2 \left(1 - \frac{p_n}{2}\right) d\delta . \qquad (2)$$

p_n sind die Entwicklungskoeffizienten einer statistischen Verteilungsfunktion; sie können bei gegebener Partikelform theoretisch berechnet werden. Die Verteilungsfunktion beschreibt die Häufigkeit der Partikelabschnitte längs einer gedachten, durch das System gelegten Durchstoßgeraden.

Bei vorgegebenem M_0 ist die eindeutige Lösbarkeit des Gleichungssystems (1) vor allem von der Anzahl N_0 der bestimmbaren Koeffizienten b_n abhängig. Es muß in jedeme Fall gewährleistet sein, daß $N_0 \geqq M_0$ erfüllt ist.

Für die im folgenden beschriebene Anwendung des neuen Auswerteverfahrens wurde $M_0 = 5$, $N_0 = 11$ gewählt. Für diese spezielle Parameterwahl wurde die Brauchbarkeit des Verfahrens an theoretisch vorgegebenen Modellkurven bereits nachgewiesen [15].

4. *Experimentelle Ergebnisse*

Die Röntgenkleinwinkelstreuung der PVY-Fasern nimmt durchweg monoton mit wachsendem Streuwinkel ab. Bild 1 zeigt die verschmierten Streukurven der verschiedenen PVY-Präparate. Das Kleinwinkeldiagramm der gereckten Fasern (Präparat A_1) ist isotrop.

Craig u. Mitarb. [2] haben elektronenmikroskopische Quer- und Längsschnittaufnahmen gereckter und ungereckter Acrylfasern angefertigt, die ebenfalls in wäßrigen Fällbädern ersponnen wurden. Danach können die Hohlräume ungereckter Fasern in ausreichender Näherung als globulär angenommen werden.

Tabelle 2. Zahlenhäufigkeit P_m der Hohlräume der verschiedenen PVY-Präparate

	Präp. A_1	Präp. A_2	Präp. A_3	Präp. B
P_1	9,876	43,170	24,334	19,436
P_2	1,159	1,759	3,956	3,277
P_3	0,160	0,266	0,591	0,503
P_4	0,026	0,039	0,083	0,095
P_5	−0,001	0,019	0,100	0,050
$2R_w$*)	6250 Å	3333 Å	2500 Å	1250 Å

*) Radius der Wechselwirkung; Erklärung s. [15]. Es wurde $\delta_{max} = D_{max}/2R_w = 0{,}3$ gesetzt.

Die Anwendung des neuen Auswerteverfahrens auf die entschmierte Streukurve des Präparates A_1 ergab die in Tabelle 2 aufgeführten Zahlenhäufigkeiten P_m.

In der Literatur ist es üblich, anstelle der Zahlenhäufigkeit die Volumenhäufigkeit $V(D) = D^3 \cdot P(D)$ anzugeben. In Bild 2 ist die Verteilungsfunktion der Volumenhäufigkeit der Hohlräume des PVY-Präparates A_1 aufgetragen. Man erkennt, daß der größte Volumenanteil auf Hohlräume mit einem Durchmesser von ungefähr 600 Å entfällt und Durchmesser > 1700 Å nicht nachzuweisen sind.

Craig u. Mitarb. konnten weiterhin durch ihre elektronenmikroskopischen Untersuchungen zeigen, daß die Hohlräume gereckter Fasern in Reckrichtung gedehnt sind. Die Hohlraumform kann bei diesen Proben durch Ellipsoide approximiert werden.

Die Berechnung der Streukurven von orientierten, ellipsoidförmigen Inhomogenitäten läßt sich allgemein auf die von kugelförmigen Teilchen zurückführen [18]. Wird nämlich das Streupräparat auf die Weise in der Kleinwinkelkamera angebracht, daß sämtliche großen Halbachsen der ellipsoidförmigen Partikel senkrecht zum Schlitz des Blendensystems der Kamera angeordnet sind (Senkrechtaufnahme), so entspricht die erhaltene Streukurve der eines Systems kugelförmiger Teilchen mit dem Radius $a \cdot \nu$ (ν = Elongation; $2a$, $2a$, $2a\nu$ = Hauptachsen des Rotationsellipsoids). Im Falle einer Anordnung der großen Halbachsen der ellipsoidförmigen Teilchen parallel zum Schlitz des Blendensystems (Parallelaufnahme) entspricht die Streukurve der eines Systems kugelförmiger Partikel mit dem Radius a.

Unter der Voraussetzung gleicher Elongation und gleicher Orientierung aller Teilchen läßt sich die weiter

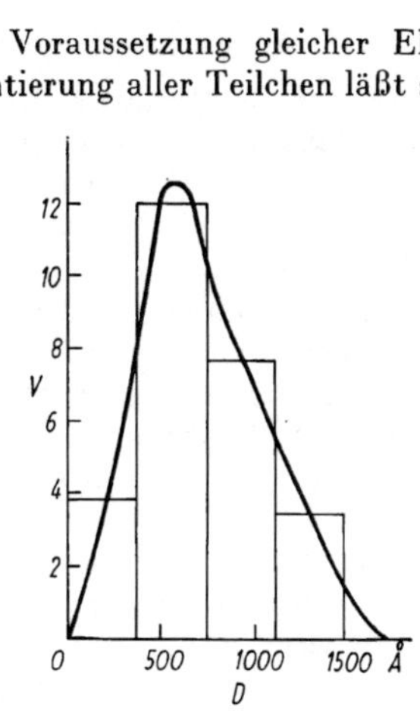

Bild 2. Volumenhäufigkeit der kugligen Hohlräume des PVY-Präparates A_1

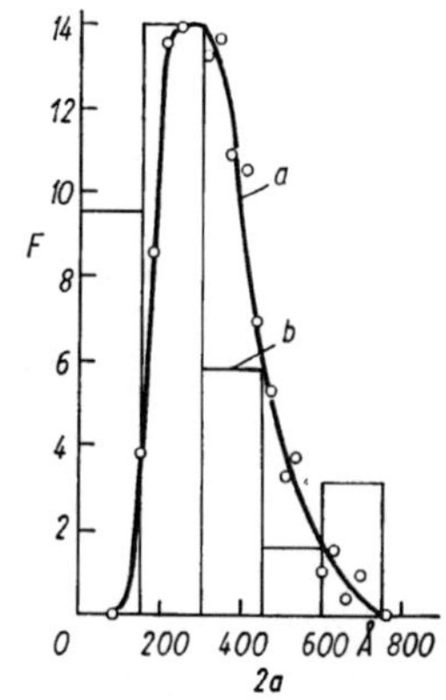

Bild 3. Flächenhäufigkeit der Querschnitte der ellipsoidförmigen Hohlräume des PVY-Präparates A_3
Kurve *a*: Auszählung der elektronenmikroskopischen Aufnahmen
Kurve *b*: Ergebnis der RKWS-Untersuchungen

oben angegebene Theorie kugelförmiger Teilchen anwenden und gestattet die Bestimmung von ν und der Verteilungsfunktion der Durchmesser der Ellipsoide.

Die Analyse der Streukurve der Parallelaufnahme des gereckten Präparates A_3 hat die in Bild 3 wiedergegebene Verteilungsfunktion der Flächenhäufigkeit $F(D) = D^2 \cdot P(D)$ der Querschnitte der als Ellipsoide approximierten Hohlräume vom Durchmesser $2a$ ergeben. Die Wiedergabe als Flächenhäufigkeit berücksichtigt, daß in der Äquatorstreukurve im wesentlichen alle Querschnittsflächen senkrecht zur großen Hauptachse der Ellipsoide streuwirksam werden [19]. Es zeigt sich, daß der Flächenanteil der Querschnitte um 250 Å Durchmesser am größten ist und im Bereich > 800 Å auf Null abklingt. Bei der Auswertung ist zu beachten, daß durch die Multiplikation mit D^2 kleine Fehler in der berechneten Zahlenhäufigkeit $P(D)$ im Bereich großer Durchmesser sich besonders deutlich bemerkbar machen.

Durch zusätzliche Auswertung der Senkrechtstreukurve ist es möglich, die Elongation ν und damit die großen Hauptdurchmesser $2a\nu$ der Hohlräume anzugeben. Für das Präparat A_3 wurde eine Elongation von $\nu = 3{,}5$ bestimmt.

In gleicher Weise wurden die Präparate A_2 und B untersucht. Bild 4 zeigt die aus der Analyse der Streukurven erhaltene Flächenhäufigkeit der Querschnitte senkrecht zur großen Hauptachse der gereckten Präparate A_2 und B. Die errechneten Zahlenhäufigkeiten $P_m(D)$ sind in Tabelle 2 aufgeführt. Die Elongationen wurden für das Präparat A_2 zu $\nu = 3{,}7$ und für Präparat B zu $\nu = 2{,}9$ bestimmt. Die Verteilungsfunktion des Präparates A_2 (luftgetrocknet) unterscheidet sich etwas von der des Präparates A_3 (geschrumpft). Das Maximum der Flächenhäufigkeit der Hohlraumquerschnitte liegt beim Präparat A_2 bei kleineren Werten, dafür werden aber noch Querschnitte mit größeren $2a$-Werten gegenüber dem Präparat A_3 nachgewiesen. Die Elongation ν der beiden Präparate unterscheidet sich nur unwesentlich.

Die Verteilungsfunktion des Präparates B_3 ist wesentlich schmaler ($2a_{max} \approx 450$ Å), die Hohlräume sind also kleiner und mit $\nu = 2{,}9$ auch nicht so gereckt

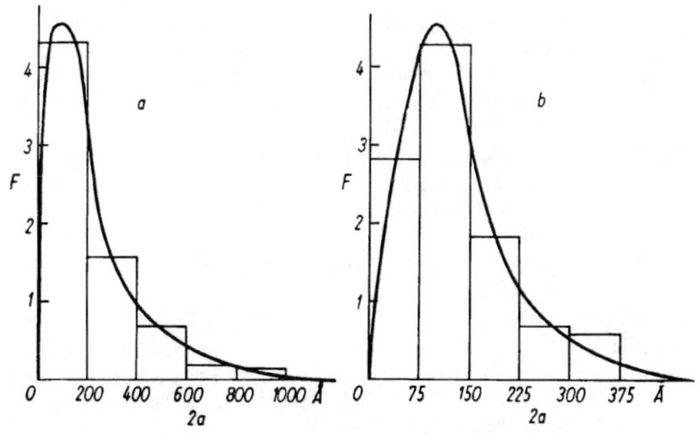

Bild 4. Flächenhäufigkeit der Querschnitte senkrecht zur großen Hauptachse der ellipsoidförmigen Hohlräume der PVY-Präparate A_2 (Kurve *a*) und *B* (Kurve *b*)

wie die der anderen Präparate. Der unterschiedliche Einfluß von DMF/Wasser-Gemisch bzw. Butanol als Fallbäder ist deutlich erkennbar.

Vergleicht man die Volumenhäufigkeit der Hohlräume des Präparates A_1 nach entsprechender Umrechnung mit der Flächenhäufigkeit der Hohlraumquerschnitte der gereckten Präparate A_2 und A_3, so fällt auf, daß das Maximum der Verteilung des Präparates A_1 bei größeren Durchmessern liegt und oberhalb des Maximums flacher abfällt. Auch liegen die maximal vorkommenden Durchmesser bei größeren Werten ($D_{\max} \approx 1700$ Å). Das fügt sich gut in den Gesamtrahmen der Ergebnisse ein, denn die ursprünglich in den ungereckten Präparaten kuglig vorliegenden Hohlräume gehen durch das Recken in Ellipsoide über, deren kleine Hauptachsen $2a$ dabei gegenüber den Durchmessern der Kugeln abnehmen. Über eine Abnahme der Hohlraumgrößen und damit Verdichtung der Struktur durch Recken wird auch von *Krasnov* und *Kruglova* berichtet [5].

Die durchgeführte Analyse der RKWS der PVY-Präparate zur Bestimmung der Größenverteilung der Hohlräume ist natürlich nur dann sinnvoll, wenn es sich tatsächlich um eine Hohlraumstreuung handelt. Prinzipiell könnte die Streuung auch von den dazwischenliegenden Struktureinheiten herrühren. Eine Klärung dieser Frage ist bei gereckten, teilkristallinen Polymeren, die Langperiodeninterferenzen besitzen, durch vergleichende Analyse der Äquatorstreuung und des Meridianreflexes möglich [20]. Die untersuchten Proben zeigen jedoch keine Langperiodeninterferenzen, weshalb diese Untersuchungsmöglichkeit nicht in Betracht kommt. Jedoch hat *Statton* [9] aus qualitativen Untersuchungen der äquatorialen RKWS von verschieden nachbehandelten PVY-Präparaten gefolgert, daß es sich um eine Hohlraumstreuung handeln muß.

Eine Klärung dieser Frage ist durch zusätzliche elektronenmikroskopische Aufnahmen möglich. Einen Ausschnitt einer elektronenmikroskopischen Querschnittsaufnahme des gereckten PVY-Präparates A_3 zeigt Bild 5.

Neben sehr großen Radikalkapillaren mit einem Durchmesser von 1 µm und größer, die mit der Methode der RKWS nicht erfaßt werden, ist eine Vielzahl von kleineren Hohlräumen zwischen 100 und 1000 Å zu erkennen, die aber insgesamt nur einen kleinen Teil der Querschnittsfläche bedecken. Dieser Umstand spricht anschaulich für das Vorliegen einer Hohlraumstreuung.

Auf der vorliegenden elektronenmikroskopischen Aufnahme wurde die Verteilungsfunktion für die Hohlraumdurchmesser durch Auszählung quantitativ bestimmt. Der Abbildung ist zu entnehmen, daß die Querschnittsbilder der Hohlräume nicht kreisförmig sind, wie das beim Vorliegen von idealen Ellipsoiden zu erwarten wäre. Deshalb wurde auf den auf 1:172000 nachvergrößerten Aufnahmen vor der Auswertung jede Hohlraumquerschnittsfläche durch z. T. mehrere

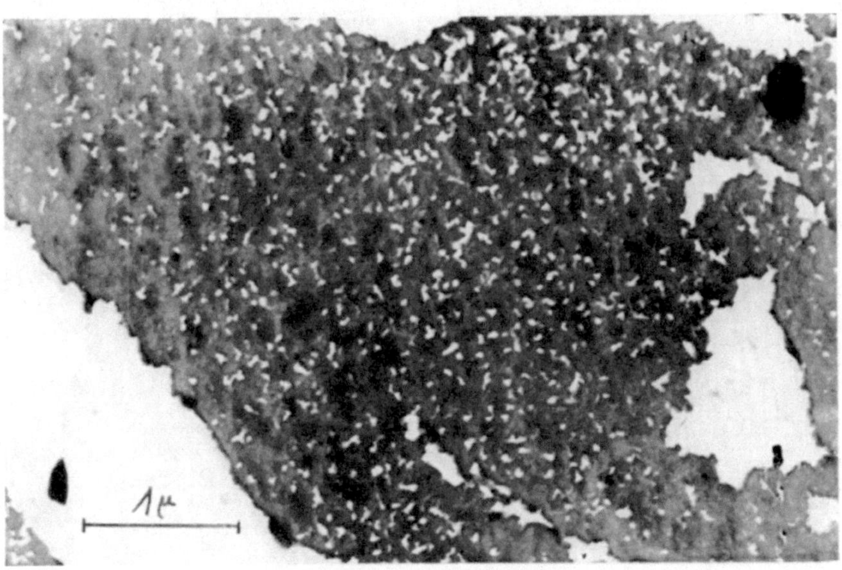

Bild 5. Elektronenmikroskopische Querschnittsaufnahme von PVY-Fasern (Präparat A_3, Vergrößerung 1:30600)

Kreisscheiben optimal approximiert. Die Häufigkeit der Durchmesser dieser Kreisscheiben wurde mit einem Teilchenzählgerät ausgezählt, wobei 1700 Hohlräume berücksichtigt wurden. Die Flächenhäufigkeit $D^2P(D)$ der Querschnitte wurde zusätzlich in Bild 3 (Kurve *a*) eingetragen.

Vergleicht man die aus der RKWS und den elektronenmikroskopischen Untersuchungen erhaltenen Flächenhäufigkeiten der Hohlraumquerschnitte und berücksichtigt, daß beide Methoden Näherungen enthalten und außerdem Fehler durch die elektronenmikroskopische Präparationstechnik möglich sind, so ergibt sich eine befriedigende Übereinstimmung der Resultate. Außerdem folgt, daß die beobachtete Röntgenkleinwinkelstreuung der Proben tatsächlich ihren Ursprung in den vorhandenen Hohlräumen hat.

Elektronenmikroskopische Aufnahmen von den anderen Präparaten für eine quantitative Auszählung der Hohlraumgrößen konnten leider nicht in ausreichender Qualität hergestellt werden. Der Grund hierfür ist, daß die Fasern im trockenem Zustand vorliegen und die Präparation für die Mikrotomschnitt-Technik mit großen Schwierigkeiten verbunden ist. Bei den in der Literatur beschriebenen elektronenmikroskopischen Untersuchungen [2, 3, 4] wurde fast ausschließlich von spinnfeuchten Fasern ausgegangen. Die RKWS als Untersuchungsmethode für die Hohlraumstruktur kennt diese Präparationsschwierigkeiten nicht.

Zusammenfassung

Es wird die Größenverteilung der in kolloiden Dimensionen vorliegenden Hohlräume von unterschiedlich hergestellten PVY-Modellfäden aus der Röntgenkleinwinkelstreuung bestimmt. Für die Auswertung wird eine neue Analysenmethode polydisperser Systeme verwendet. Durch vergleichende elektronenmikroskopische Aufnahmen wird sichergestellt, daß es sich bei der RKWS um eine Hohlraumstreuung handelt.

Herrn Stud.-Rat *H. Reichert* danken wir für die Bereitstellung der PVY-Proben, den Herren Dr. habil. *G. Casperson* und Dr. *E. Schulz* für die Anfertigung der elektronenmikroskopischen Aufnahmen.

Literatur

[1] *Wagner, E. F.:* Porosität von Fasern und Garnen. Chemiefasern **17** (1967) 8, S. 601–606.

[2] *Craig, J., Knudsen, J. P.,* und *Holland, V. F.:* Characterization of acrylic fiber structure. Textile Res. J. **32** (1962) S. 435–448.

[3] *Takeda, H., Nukushina, Y.,* und *Kato, K.:* Studies on acrylic fiber. The effects of copolymerization components on the internal structure of coagulated filaments. Kogyo Kagaku Zasshi (J. chem. Soc., Japan) **67** (1964) 10, S. 1670–1675.

[4] *Gröbe, V., Mann, G.,* und *Duwe, G.:* Ausbildung von Strukturen bei der Koagulation von Polyacrylnitrillösungen. Faserforsch. u. Textiltechnik **17** (1966) 4, S. 142–147.

[5] *Krasnov, E. P.,* und *Kruglova, G.:* Untersuchung der Struktur poröser Polyacrylnitrilfaserstoffe. Faserforsch. u. Textiltechnik **22** (1971) 4, S. 203–209.

[6] *Flath, H.-J.:* Die Veränderung der spezifischen Oberfläche von Polyacrylnitrilfaserstoffen während des Herstellungsprozesses. Faserforsch. u. Textiltechnik **21** (1970) 6, S. 229–232.

[7] *Paul, D.,* und *Bartsch, D.:* Bestimmung von Hohlräumen in Fasern durch Quecksilberporosimetrie. Faserforsch. u. Textiltechnik **23** (1972) 5, S. 187 bis 191.

[8] *Hermans, P. H., Heikens, D.,* und *Weidinger, A.:* A quantitative investigation on the X-ray small angle scattering of cellulose fibres. Part II. The scattering power of various cellulose fibers. J. Polymer Sci. **35** (1959) S. 145–165.

[9] *Statton, W. O.:* Microvoids in fibers as studied by small-angle scattering of X-rays. J. Polymer Sci. **58** (1962) S. 205–220.

[10] *Kratky, O.,* und *Schwarzkopf-Schier, K.:* Die Absolutmessung der Kleinwinkelstreuung von linearem Polyäthylen bis zu *Bragg*schen Werten von 15800 Å. Mh. Chemie **94** (1963) S. 714–732.

[11] *Takahashi, M.,* und *Nukushina, Y.:* Microheterogeneity of acrylic fiber. J. Polymer Sci. **56** (1962) S. 19 bis 21.

[12] *Takahashi, M., Nukushina, Y.,* und *Kosugi, S.:* Effekt of fiber-forming conditions on the microstructure of acrylic fiber. Textile Res. J. **34** (1964) 2, S. 87–97.

[13] *Ruscher, Ch.,* und *Walenta, E.:* Röntgenkleinwinkelstreuung an Polyacrylnitrilfasern. Faserforsch. u. Textiltechnik **18** (1967) S. 78–83.

[14] *Kratky, O.,* und *Skala, Z.:* Neues Verfahren zur Herstellung von blendenstreuungsfreien Röntgenkleinwinkelaufnahmen. Z. Elektrochemie **62** (1958) S. 73–77.

[15] *Teichgräber, M.,* und *Walenta, E.:* Zur Analyse polydisperser Partikelsysteme mittels Röntgenkleinwinkelstreuung. Plaste u. Kautschuk **19** (1972) 4, S. 283–285.

[16] Dissertation von E. Walenta, Merseburg 1971.

[17] *Guinier, A.,* und *Fournet, G.:* Small angle scattering of X-rays. New York: Wiley and Sons 1955. S. 38.

[18] *Guinier, A.:* Thèses Ser. A., Nr. 1854 (1939), Universität Paris.

[19] *Hosemann, R.:* Theorie der Röntgenstrahlenstreuung an Partikelhaufen. Z. Physik **113** (1939) S. 751–768.

[20] *Bonart, R.,* und *Hosemann, R.:* Fibrillarstrukturen in kaltverstecktem linearem Polyäthylen. Kolloid-Z. **186** (1962) 1, S. 16–29.

Eingegangen am 8. Juni 1973

Zum Einfluß der Struktur von Copolymeren auf ihre Wechselwirkung mit Lösungsmitteln

Gottfried Glöckner und Dietmar Lohmann

Technische Universität Dresden, Sektion Chemie

DK 678.746.222—134.532:66.062:541.183.03:541.183.2:541.183.26

Mit einer Apparatur nach *Prager* und *Long* wurde die Lösungsmittelaufnahme aus der Gasphase von Styrol/Acrylnitril-Copolymeren untersucht. Diese Sorption hängt von strukturellen Parametern ab, die durch die Vorgeschichte der untersuchten Proben bedingt werden. Weiterhin wird auf den Zusammenhang zwischen Lösungsmittelaufnahme im Sorptionsgleichgewicht und der Mikrostruktur des Copolymeren eingegangen. Die erhaltenen Ergebnisse werden mit Hilfe der *Flory/Huggins*-Theorie ausgewertet. Es ergibt sich, daß der Wechselwirkungsparameter in Abhängigkeit von der chemischen Zusammensetzung der untersuchten Proben ein deutliches Minimum aufweist.

О влиянии структуры сополимеров на их взаимодействие с растворителями

При помощи аппаратуры по *Прагеру* и *Лонгу* изучено поглощение растворителя из паровой фазы сополимерами стирола с акрилонитрилом. Процесс сорбции зависит от структурных параметров, обусловленных предисторией изучаемых образцов. В дальнейшем рассматривается взаимосвязь между поглощением растворителя в состоянии сорбционного равновесия и микроструктурой данного сополимера. Полученные результаты были обработаны при помощи теории *Флори/Хаггинса*. При этом установлено, что параметр взаимодействия проходит через ярко выраженный минимум, зависящий от химического состава изучаемых образцов.

The Effect of Copolymers Structure on the Interaction with Solvents

The adsorption of solvent vapours by stryrene/acrylonitrile copolymers has been investigated using a device proposed by *Prager* and *Long*. The sorption depends on parameters which are affected by the prehistory of the samples. The relationship between equilibrium sorption and microstructure of the copolymer is discussed. The results are evaluated by the *Flory/Huggins* equation. The interaction parameter was found to acquire distinct minimum values depending on the copolymer compositions.

Einleitung

Die thermodynamischen Eigenschaften konzentrierter Polymerlösungen sind schon vielfach durch Dampfdruckmessungen, Quellungsmessungen, Untersuchungen des Phasengleichgewichts und kalorische Messungen studiert worden. Sorptionsmessungen gestatten es, die Aufnahme von Lösungsmitteldämpfen durch das praktisch lösungsmittelfreie Polymere zu beobachten.

Tabelle 1 gibt eine Zusammenstellung von Arbeiten, die sich mit den thermodynamischen Eigenschaften von Systemen aus Hochpolymeren und organischen Lösungsmitteln bei hoher Polymerkonzentration befassen.

In diesem Beitrag soll der Einfluß der Copolymerzusammensetzung auf die Wechselwirkung mit organischen Lösungsmitteln betrachtet werden. Dazu wurde das Verhalten von Polystyrol und Styrol(S)/Acrylnitril(AN)-Copolymerisaten (Übersicht: Tabelle 2) gegenüber Dichlormethan und Aceton untersucht.

Außer spezifischen Einflüssen der Mikrostruktur, die in erster Linie auf die Konstitution der Ketten zurückgehen, treten bei Copolymeren natürlich auch noch all die anderen Relationen zwischen Struktur und Lösungsmittelzugänglichkeit auf, die man mitunter als „Einfluß der Vorgeschichte“ bezeichnet. Sie werden im wesentlichen durch die Konformation der Makromoleküle hervorgerufen und durch Qualität und Quantität der übermolekularen Verbände, zu denen sich die Makromoleküle vereinigen. Dabei spielt u. a. die Dichte der Molekülpackung eine Rolle, die z. B. durch Tempern gesteigert werden kann.

Experimenteller Teil

Die Untersuchungen wurden mit einer Hochvakuumapparatur nach *Prager* und *Long* [37] durchgeführt, mit der die Sorption von Lösungsmitteldämpfen in festen Polymerproben verfolgt werden konnte (Bild 1). Die Proben hingen an Spiralfedern aus Quarzfäden in den gläsernen Meßfingern I. Eine Quecksilberabsperrung bei *G*, die zugleich als Relativmanometer den Dampfdruck im System anzeigte, trennt den Meßteil der Apparatur, der sich in einem auf $\pm 0{,}1$ grd geregelten Luftthermostaten befand und der außer den quecksilbergedichteten, lösbaren Ansätzen der Meßfinger keine Schliffe aufwies, vom Pumpenstand mit Öl- und

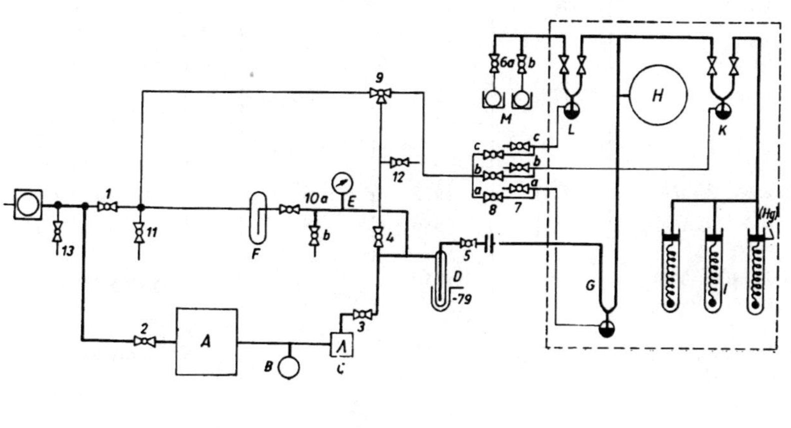

Bild 1. Sorptionsapparatur

A — Vorvakuumgefäß
B — Manometer
C — Quecksilberdiffusionspumpe
D — Kühlfalle'
E — Mc-Leod-Manometer
F — Quecksilberauffanggefäß
G — Relativmanometer
H — Puffergefäß (Dampfreservoir)
I — Sorptionsgefäße
K, L — Quecksilberventile
M — Lösungsmittelvorratsgefäße
1—13 — Schliffhähne

Tabelle 1. Übersicht über Arbeiten zur Thermodynamik von hochkonzentrierten Polymerlösungen

Bearbeiter	Lit.	Jahr	Methode	System
Gee, Treloar	[1]	1942	*D*	Kautschuk/Benzol
Gee, Orr	[2]	1946	*D*	Kautschuk/Benzol
Barrer	[3]	1947		Kautschuk/Benzol, Toluol, *n*-Heptan, Chloroform
Baughan	[4]	1948	*S*	Polystyrol/Benzol, Polystyrol/Toluol Polystyrol/Tetrachlorkohlenstoff Polystyrol/Dioxan Polystyrol/Cyclohexan
Tager, Sanatina	[5]	1950	*K*	Kautschuk/Benzol, Toluol, *n*-Heptan, i-Oktan Polystyrol/Benzol Polyisobutylen/Benzol, Toluol, *n*-Heptan Polyisobutylen/i-Octan
Bawn, Freeman, Kamaliddin	[6]	1950	*D*	Polystyrol/Toluol Polystyrol/Methyläthylketon
Tompa	[7]	1952	*D, K*	Polystyrol/Toluol
Tager, Dombek	[8]	1953	*S, K*	Polystyrol/Benzol
Prager, Bagley, Long	[9]	1953	*S*	Polyisobutylen/n-Pentan Polyisobutylen/i-Pentan Polyisobutylen/n-Hexan
Kokes, Di Pietro, Long	[10]	1953	*S*	Polyvinylacetat/Aceton Polyvinylacetat/Propanol
Rehner, Zapp, Sparks	[11]	1953	*Q*	Isobutylen/Styrol-Copolymerisate/verschiedene Lösungsmittel
Moore, Russell	[12]	1955	*Q*	Celluloseacetat/verschiedene Lösungsmittelgemische
Tager, Kasowa	[13]	1955	*S, K*	Butadien/Styrol- bzw. Butadien/Acrylnitril-Copolymerisate/Benzol
Newman, Krigbaum	[14]	1955	*P*	Nitrocellulose/Äthanol/Wasser
Mullins	[15]	1956	*Q*	Kautschukvulkanisate/Dekan
Bawn, Wajid	[16]	1956	*D*	Polystyrol/Aceton Polystyrol/Chloroform Polystyrol/Propylacetat
Bawn, Patel	[17]	1956	*D*	Polyisobutylen/Benzol PIB/Cyclohexan
Schmoll, Jenckel	[18]	1956	*D*	Polystyrol/Toluol Polystyrol/Cyclohexan Polystyrol/Äthylacetat
Jenckel, Gorke	[19]	1956	*K*	Polystyrol/Toluol Polystyrol/Chlorbenzol Polystyrol/Äthylbenzol Polystyrol/Cyclohexan
Jenckel, Schmoll, Butenuth	[20]	1956	*P*	Polystyrol/Cyclohexan
Takenaka	[21]	1957	*D, S*	Nitrocellulose/Aceton
Barrer, Fergusson	[22]	1958	*S*	Kautschuk/Benzol Polyäthylen/Benzol
Kawai	[23]	1958	*KR*	Polystyrol/Benzol Polyvinylacetat/Benzol Celluloseacetat/Essigsäure Polyvinylalkohol/Wasser
Bristow, Watson	[24]	1958	*Q*	Kautschuk/verschiedene Lösungsmittel
Rogers, Stannett, Szwarc	[25]	1959	*S*	Polyäthylen/Kohlenwasserstoffe
Nakajama, Yamakawa, Sakurada	[26]	1959	*S, D*	Polyvinylacetat/Benzol
Sakurada, Nakajama, Fujiwara	[27]	1959	*S, D*	Polyvinylalkohol/Wasser

Tabelle 1. (Forts.)

Bearbeiter	Lit.	Jahr	Methode	System
Krigbaum, Geymer	[28]	1959	*D*	Polystyrol/Cyclohexan Polystyrol/Methyläthylketon
Tikavij, Starobinets	[29]	1961	*S, Q*	Butadien/Acrylnitril-Copolymere/verschiedene Lösungsmittelgemische
Kwei, Kwei	[30]	1962	*S*	Polypropylen/Hexan Polypropylen/Benzol
Ueberreiter, Bruns	[31]	1964	*D*	Polyvinylcarbazol/Benzol
Frensdorff	[32[	1964	*S*	Äthylen/Propylen-Copolymere/Cyclohexan, n-Hexan, Tetrachlorkohlenstoff, n-Pentan, Benzol, Methylenchlorid
Rehage	[33]	1964	*Q*	Polystyrol/Toluol Polystyrol/Äthylbenzol Polystyrol/Chlorbenzol Polystyrol/Chloroform Polystyrol/Kohlenwasserstoffe Polystyrol/Alkohole Polystyrol/Cyclohexan
Root u. a.	[34]	1965	*S, Q*	Butadien/Acrylnitril-Copolymere/verschiedene Lösungsmittelgemische
Lewis, Johnson	[35]	1969	*K*	Polystyrol/Toluol
Bruns, Mehdorn, Ueberreiter	[36]	1971	*K*	Polystyrol/Toluol Polystyrol/Cyclohexan

D = Dampfdruckmessung
S = Sorptionsmessung
K = Kalorimetrie
Q = Quellungsmessung
KR = Kryoskopie
P = Untersuchung des Phasengleichgewichts

Quecksilberdiffusionsvakuumpumpe. Nachdem das Gesamtsystem stundenlang auf 10^{-4} bis 10^{-5} Torr evakuiert und das bei M befindliche Lösungsmittel sorgfältig entgast worden war, wurde die Quecksilbersperre bei *G* geschlossen und der gewünschte Dampfdruck eingestellt. Die Sorption begann in dem Moment, in dem dem Dampf über *K* der Weg zu den noch im Hochvakuum hängenden Polymerproben freigegeben wurde. Die Lösungsmittelaufnahme wurde verfolgt, indem mit einem Kathetometer die Massezunahme der Proben aus der Elongation der Quarzspiralen bestimmt wurde.

Die z. T. durch Substanzpolymerisation selbst hergestellten Styrol/Acrylnitril-Copolymerisate wurden in einigen Fällen als Pulver, in der Regel jedoch als Folien untersucht. Pulverförmige Proben wurden durch Eintropfen von

Tabelle 2. Untersuchte Polymerproben

Bezeichnung der Probe	Zusammensetzung des Copolymeren mol% AN	$\overline{M}_{(osm)}$	Dichte g · cm^{-3}
D 31	67,6	290000	1,109
D 44	60,1	203000	1,100
D 32	58,5	428000	1,095
D 33	52,9	387000	1,094
D 45	50,2	204000	1,092
B 2.2 u	37,6	44000	1,079
D 34	36,1	300000	1,075
D 41	30,4	490000	1,075
D 35	30,0	289000	1,069
D 42	22,0		1,061
D 36	18,7	232000	1,057
D 49	15,4	267000	1,067
P 70 FK	0	360000*)	1,050

*) $\overline{M}_{(LStrg)}$

Polymerlösungen (Lösungsmittel: Dimethylformamid für D 31 bis D 36, Methylenchlorid für D 42 und D 44) in Methanol/Wasser-Gemische erhalten. Die isolierte Polymersubstanz mußte sechs Wochen (bei DMF als Ausgangslösungsmittel) bzw. zwei Wochen bei 60 °C im Vakuum getrocknet werden.

Folien wurden aus 2- bis 5%igen Lösungen in Methylenchlorid bzw. Methylenchlorid/Aceton-Gemischen (für D 31 mit 67,7 und D 44 mit 60,1 mol% AN) gegossen. Damit nach dem Abdunsten des Lösungsmittels spannungsfreie Folien zurückbleiben, wurde reines Quecksilber in flachen, erschütterungsfrei aufgestellten Schalen als Gießunterlage verwendet. Die lufttrockenen Filme wurden im Vakuum bei 60 °C bis zur Massekonstanz nachbehandelt. Brauchbare Resultate wurden mit Folien von 40 bis 50 µm Dicke erhalten. Dünnere Filme wurden trotz ihrer prinzipiellen Vorteile wegen der experimentellen Schwierigkeiten nicht eingesetzt. Bei dickeren Folien traten abweichende Ergebnisse auf. Zweifellos wirkte sich dabei die mit zunehmender Dicke immer längere Trocknungszeit aus: Die länger getemperten Folien besitzen eine dichtere Struktur und haben dadurch eine geringere Sorptionsfähigkeit. Auch in Pulverform nehmen die Polymeren weniger Lösungsmittel auf. Dies ist wegen des größeren freien Volumens der Folien verständlich, die aus Lösungen in guten Lösungsmitteln entstanden sind und die Makromoleküle in weitaus lockereren Konformationen enthalten als die in Methanol/Wasser-Gemischen gefällten Pulver.

Resultate

Die Auswertung der Messungen erfolgte mit Hilfe der *Flory/Huggins*-Theorie [38]. Die Basisgleichung

$$\ln a_{LM} = \ln \varphi_{LM} + \left(1 - \frac{1}{P}\right) \varphi_P + \chi \varphi_P^2 \qquad (1)$$

verknüpft die Aktivität a_{LM} des Lösungsmittels mit seinem Volumenbruch φ_{LM} in der Mischphase, in der das Polymere mit dem Polymerisationsgrad P den Volumenbruch $\varphi_P = 1 - \varphi_{LM}$ besitzt. Der Wechselwirkungsparameter ist im allgemeinen konzentrationsabhängig [18]:

$$\chi = \chi_0 + \chi_1\varphi_P + \chi_2\varphi_P^2 + \dots \qquad (2)$$

Wir haben aus der Massezunahme der Proben φ_{LM} (und damit zugleich φ_P) sowie aus dem relativen Dampfdruck des Penetranten $a_{LM} = p/p_0$ bestimmt. Aus den korrespondierenden Daten waren die χ-Werte zugänglich.

Für den Idealfall der wechselwirkungsfreien, athermischen Lösung liefert die Gleichung (1) bei unendlich hohem Polymerisationsgrad

$$a_{LM} = \varphi_{LM} \cdot e^{(1-\varphi_{LM})}. \qquad (1')$$

Das ist bei der Darstellung von φ_{LM} über a_{LM}, die zur Wiedergabe der Versuchsergebnisse geeignet ist, die Gleichung einer gegen die φ_{LM}-Achse konkaven Kurve (Bild 2).

Die Sorptionsisothermen weisen einen s-förmigen Verlauf auf. Soweit die Kurven unterhalb der unterbrochen gezeichneten Idealkurve liegen, haben die gemessenen Systeme Wechselwirkungsparameter > 0. Die S-Form der Kurven, die in manchen Fällen im Anfangsstadium der Sorption zu Abweichungen nach der anderen Seite, d. h. negativen χ-Werten führt, geht auf den Glaszustand der untersuchten Produkte zurück. Erst wenn die Proben eine bestimmte Menge an Lösungsmittel aufgenommen haben, sinkt ihre Einfriertemperatur unter die Meßtemperatur. Erst dann hat die Polymerphase das innere Gleichgewicht erreicht, das bei der *Flory/Huggins*-Theorie angenommen wird. Bild 2 läßt erkennen, daß dies in Übereinstimmung mit der Theorie mit um so weniger Lösungsmittel eintritt, je höher die Meßtemperatur ist, d. h., mit steigendem Lösungsmittelgehalt sinkt die Einfriertemperatur (Weichmachungseffekt).

In Anknüpfung an das oben Gesagte über den Einfluß der Sekundärstruktur sei bemerkt, daß die Lösungs-

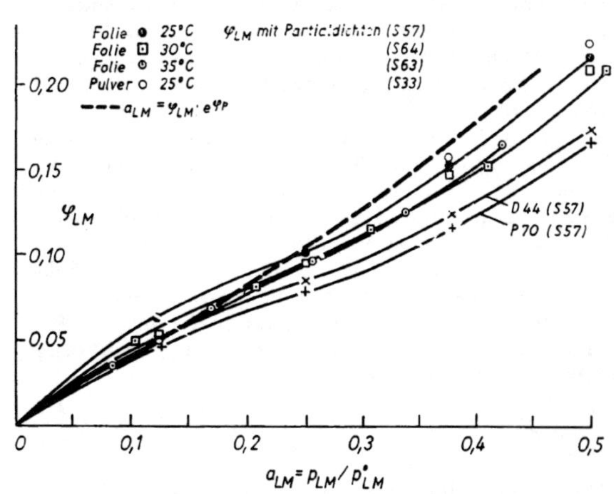

Bild 2. Isothermen der Sorption von Methylenchloriddampf durch S/AN-Copolymere
Die theoretische Kurve gemäß Gleichung (1') ist stark hervorgehoben

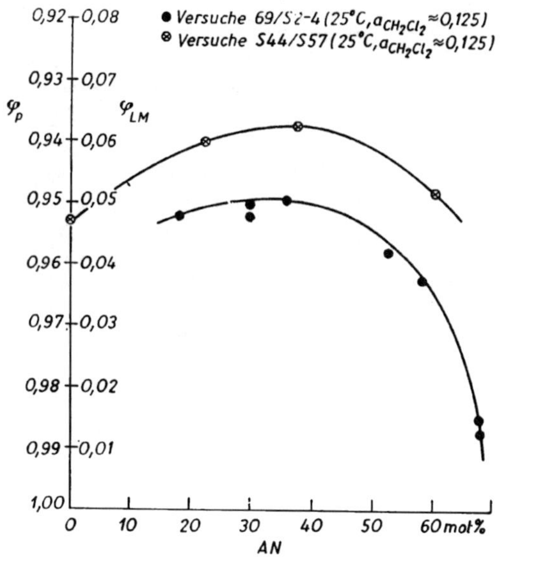

Bild 3. Einfluß des Acrylnitrilgehaltes auf die Sorptionsfähigkeit der Copolymeren gegen Methylenchloriddampf für zwei verschiedene Versuchsreihen. Die Volumenbrüche wurden unter der Annahme von Volumenadditivität berechnet

mittelaufnahme des pulverförmigen Polymeren bei $a_{LM} = 0{,}125$ merklich unter derjenigen der Folien liegt. Nach Überschreiten der Einfrierkonzentration verschwindet dieser Effekt verständlicherweise.

Auch das folgende Bild 3 läßt den starken Einfluß der Sekundärstruktur bei Messungen im Glasbereich erkennen. Es ist die Lösungsmittelaufnahme bei konstanter Dampfaktivität ($a_{LM} = 0{,}125$) an Proben mit unterschiedlichem Acrylnitrilgehalt wiedergegeben. Die Meßpunkte ordnen sich augenscheinlich auf zwei verschiedenen Kurven an. Die Folien der unteren Kurve sind aus Copolymeren erzeugt, die vorher aus DMF umgefällt und wesentlich länger getrocknet worden sind als die Substanzen für die Folien in den Versuchen S 44/S 57. Beide Kurven haben aber zweifellos die gleiche Gestalt mit einem ausgeprägten Maximum bei 30 bis 40 mol% Acrylnitril. Das deutet an, daß neben dem Einfluß der Sekundärstruktur die Lösungsmittel-

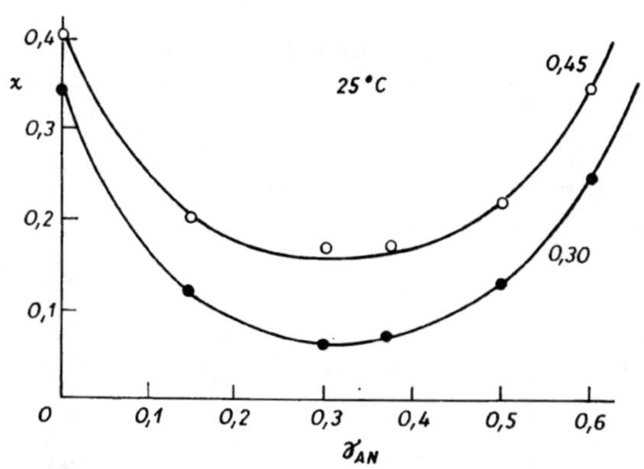

Bild 4. Einfluß der chemischen Zusammensetzung der Copolymeren auf den Wert des Wechselwirkungsparameters χ bei der Sorption von Methylenchloriddampf bei zwei verschiedenen Dampfaktivitäten ($a_{LM} = 0{,}30$ und $a_{LM} = 0{,}45$)

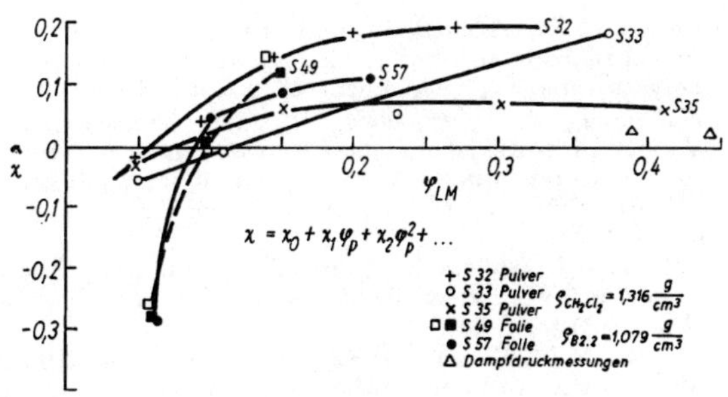

Bild 5. Konzentrationsabhängigkeit des Wechselwirkungsparameters χ im System S/AN-Copolymeres B 2.2 u. — Methylenchlorid bei 25 °C

sorption der S/AN-Copolymerisate auch von ihrer Zusammensetzung abhängt.

Bei der Darstellung der Wechselwirkungsparameter über der Copolymerzusammensetzung resultieren Kurven mit einem Minimum. Bild 4 gibt die Resultate für zwei verschiedene Dampfdruckwerte entsprechend den Lösungsmittelaktivitäten $a_{LM} = 0{,}30$ und $a_{LM} = 0{,}45$ wieder. (Bereits mit Dampfaktivitäten von $a_{LM} = 0{,}25$ wird den Proben ausreichend Lösungsmittel für den Übergang in den Gelzustand angeboten.)

Für die Konzentrationsabhängigkeit des Wechselwirkungsparameters erhält man das in Bild 5 dargestellte Bild. Offensichtlich sind die höheren Koeffizienten der Gleichung (2) negativ. Die Kurvenäste unterhalb der Abszisse sind jedoch ohne Gewicht, da bei den zugrunde liegenden Messungen die Einfrierkonzentration nicht erreicht worden war.

Mit Bezug auf konstante Zusammensetzung der Mischphasen kann der Versuch gemacht werden, zu quantitativen Aussagen zu gelangen. Meist werden die Wechselwirkungsparameter von Copolymeren anhand des Ansatzes von *Stockmayer* [39] diskutiert:

$$\chi = \gamma_A \chi_{A\text{-}LM} + (1 - \gamma_A)\chi_{B\text{-}LM} - \gamma_A(1 - \gamma_A \chi_{AB}\,. \qquad (3)$$

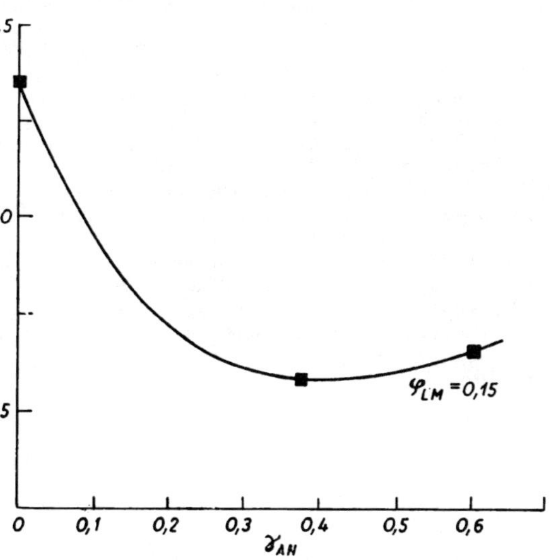

Bild 6. Acetonsorption

Abhängigkeit des Wechselwirkungsparameters χ von der chemischen Zusammensetzung der S/AN-Copolymeren bei 25 °C. Die wiedergegebenen Werte und die Kurve beziehen sich auf den Volumenbruch $\varphi_{LM} = 0{,}15$ des Acetons im Polymeren

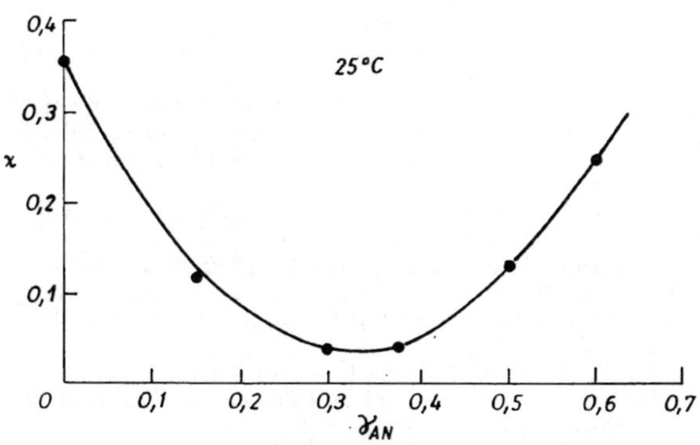

Bild 7. Methylenchloridsorption

Abhängigkeit des Wechselwirkungsparameters χ von der chemischen Zusammensetzung der S/AN-Copolymeren bei 25 °C. Die wiedergegebenen Werte und die Kurve beziehen sich auf den Volumenbruch $\varphi_{LM} = 0{,}10$ des Methylenchlorids im Polymeren

$\chi_{A\text{-}LM}$ und $\chi_{B\text{-}LM}$ sind die Wechselwirkungsparameter der Homopolymeren Poly-A und Poly-B mit dem betrachteten Lösungsmittel, während χ_{AB} die Einwirkungen der beiden Polymerbausteine A und B aufeinander erfaßt. χ_{AB} ist häufig sehr klein [40, 41]. γ_A ist der molare Anteil der Komponente A im Copolymerisat. In unserem Fall ist $\gamma_A = \gamma_{AN}$.

Bild 6 gibt den Verlauf des Wechselwirkungsparameters mit der Copolymerisatzusammensetzung wieder, wie er aus den Sorptionsmessungen mit Aceton resultiert. Wiederum ist ein deutliches Minimum zu erkennen. Es liegt bei $\gamma_{AN} = 0{,}40$ und damit etwas höher als das Minimum bei Verwendung von Methylenchlorid als Penetrant (Bild 7). Wir haben die in diesem Bild eingezeichnete Kurve mit Hilfe des von *Shibuya* u. Mitarb. [42] erweiterten Ansatzes (3) berechnet. Dabei wurde für den Wechselwirkungsparameter Polystyrol/Methylenchlorid (MCl) der direkt gemessene Wert von 0,355 benutzt. Mit $\chi_{PVY\text{-}MCl} = 1{,}9$ und dem Kreuz-Wechselwirkungsparameter $\chi_{AB} = 5{,}8$ wird eine recht befriedigende Übereinstimmung zwischen Theorie und Experiment erreicht.

$\chi_{AB} = 5{,}8$ für Methylenchlorid als Lösungsmittel mag im Vergleich zu den z. B. von *Mächtle* [40] mitgeteilten Werten hoch erscheinen. Jene sind jedoch für Copolymerisate aus chemisch sehr ähnlichen Monomeren gemessen worden. Styrol und Acrylnitril unterscheiden sich demgegenüber stark voneinander. Der hohe Wert von χ_{AB} korrespondiert aber recht gut mit einem Wert für Butadien/Acrylnitril-Copolymerisate in Octan, der von *Shibuya* u. Mitarb. [42] zu $\chi_{AB} = 13$ bestimmt worden ist.

Literatur

[1] *Gee, G.*, und *Treloar, L. R. G.:* The interaction between rubber and liquids. I. A thermodynamic study of the system rubber-benzene. Trans.Faraday Soc. **38** (1942) S. 147—163.

[2] *Gee, G.*, und *Orr, W. J. C.:* The interaction between rubber and liquids. VIII. A new examination of the thermodynamic properties. Trans. Faraday Soc. **42** (1946) S. 507—517.

[3] *Barrer, R. M.:* The solubility of gases in elastomers. Trans. Faraday Soc. **43** (1947) S. 3—11.

[4] *Baughan, E. C.*: The absorption of organic vapours by thin films of polystyrene. Trans. Faraday Soc. **44** (1948) S. 495—506.

[5] *Tager, A.*, und *Sanatina, W.*: Lösungswärme und Quellungswärme einiger synthetischer hochmolekularer Verbindungen. Kolloid. Ž., Moskva **12** (1950) S. 474 bis 477.

[6] *Bawn, C.*, *Freeman, R.*, und *Kamaliddin, A.*: High polymer solutions I: Vapour pressure of polystyrene-solutions. Trans. Faraday Soc. **46** (1950) S. 677—684.

[7] *Tompa, H.*: Statistical thermodynamics of solutions of low mloecular weight polystyrenes. J. Polymer Sci. **8** (1952) S. 51—61.

[8] *Tager, A. A.*, und *Dombek, Ž. S.*: Thermodynamische Untersuchungen von Lösungen des Polystyrols. Kolloid. Ž. Moskva **15** (1953) S. 69—80.

[9] *Prager, S.*, *Bagley, E.*, und *Long, F. A.*: Equilibrium sorption data for polyisobutylene-hydrocarbon system. J. amer. chem. Soc. **75** (1953) S. 2742—2745.

[10] *Kokes, R. J.*, *Di Pietro, A. R.*, und *Long, F. A.*: Equilibrium sorption of several organic diluents in polyvinyl acetate. J. amer. chem. Soc. **75** (1953) S. 6319—6321.

[11] *Rehner, J.*, *Zapp, R. L.*, und *Sparks, W. J.*: Copolymerization of isobutylene and styrene at low temperatures in the presence of Friedel/Crafts-catalysts. J. Polymer Sci. **11** (1953) S. 21—36.

[12] *Moore, W. R.*, und *Russell, J.*: Swelling and adsorption by cellulose acetate in binary solvent-hexane mixtures. J. Polymer Sci. **18** (1955) S. 63—86.

[13] *Tager, A. A.*, *Kasowa, L. K.*, u. a.: Thermodynamische Untersuchung von Copolymer-Lösungen. 1.2. Kolloid. Ž., Moskva **17** (1955) S. 315—323; 391—396.

[14] *Newman, S.*, und *Krigbaum, W. R.*: Phase equilibria in ternary systems involving a polymer and two polar solvents. J. Polymer Sci. **18** (1955) S. 107—121.

[15] *Mullins, L.*: Determination of degree of crosslinking in natural rubber vulcanizates, Part I. J. Polymer Sci. **19** (1956) S. 225—236.

[16] *Bawn, C. E. H.*, und *Wajid, M. A.*: High polymer solutions. Part 7. Vapour pressure of polystyrene solutions in acetone, chloroforme and propylacetate. Trans. Faraday Soc. **52** (1956) S. 1958—1964.

[17] *Bawn, C. E. H.*, und *Patel, R. D.*: High polymer solutions. Part 8. The vapour pressure of solutions of polyisobutylene in toluene and cyclohexane. Trans. Faraday Soc. **52** (1956) S. 1658—1664.

[18] *Schmoll, K.*, und *Jenckel, E.*: Über den Dampfdruck von Polystyrollösungen in Toluol und Cyclohexan im ganzen Konzentrationsbereich. Z. Elektrochemie, Ber. Bunsenges. physik. Chemie **60** (1956) S. 756—765.

[19] *Jenckel, E.*, und *Gorke, K.*: Zur Kalorimetrie der Hochpolymeren. II. Z. Elektrochemie, Ber. Bunsenges. physik. Chemie **60** (1956) S. 579—587.

[20] *Jenckel, E.*, *Schmoll, K.*, und *Butenuth, G.*: Über die Aktivität der Lösungen aus Polystyrol und Cyclohexan, bestimmt aus der Entmischungskurve. Z. Elektrochemie, Ber. Bunsenges. physik. Chemie **60** (1956) S. 766—769.

[21] *Takenaka, H.*: The interaction parameter for solutions of nitrocellulose in acetone. J. Polymer Sci. **24** (1957) S. 321—323.

[22] *Barrer, R. M.*, und *Fergusson, R. R.*: Diffusion of benzene in rubber and polyethylene. Trans. Faraday Soc. **54** (1958) S. 989—1000.

[23] *Kawai, T.*: Freezing point depression of polymer solutions and gels. J. Polymer Sci. **32** (1958) S. 425—444.

[24] *Bristow, G. M.*, und *Watson, W. F.*: Kohäsionsenergiedichten von Polymeren. Trans. Faraday Soc. **54** (1958) S. 5731—5741.

[25] *Rogers, C. E.*, *Stannett, V.*, und *Szwarc, M.*: The sorption, diffusion and permeation of organic vapours in polyethylene. J. physic. Chem. **63** (1959) S. 1406.

[26] *Nakajama, A.*, *Yamakawa, H.*, und *Sakurada, I.*: Vapour pressures of polymers solutions I. Apparatures for measurements and some results on polyvinyl acetate-solutions. J. Polymer Sci. **35** (1959) S. 489 bis 495.

[27] *Sakurada, I.*, *Nakajama, A.*, und *Fujiwara., H.*: Vapour pressures of polymer solutions. J. Polymer Sci. **35** (1959) S. 497—505.

[28] *Krigbaum, W. R.*, und *Geymer, D. O.*: Thermodynamics of polymer solutions. The polystyrene-cyclohexane system near the Flory theta temperature. J. amer. chem. Soc. **81** (1959) S. 1859—1868.

[29] *Starobinets, G. L.*, und *Tikavij, V. F.*: Sorption binärer Lösungen durch Butadien/Acrylnitril-Copolymere. Kolloid. Ž., Moskva **23** (1961) S. 112—117.

[30] *Kwei, K. P.*, und *Kwei, T. K.*: The sorption of organic vapours by polyolefines. J. physic. Chem. **66** (1962) S. 2146—2149.

[31] *Bruns, W.*: Dampfdruckmessungen an benzolischen Polyvinylcarbazollösungen oberhalb und unterhalb der Glastemperatur. Inaugural-Dissertation Berlin 1963, Freie Universität.
Ueberreiter, K., und *Bruns, W.*: Beiträge zur Thermodynamik von Polymerlösungen. 6. Mitt. Ber. Bunsenges. physik. Chemie **68** (1964) S. 541—549.

[32] *Frensdorff, H. K.*: Diffusion and sorption of vapours in ethylene-propylene-copolymers. I. Equilibrium sorption. J. Polymer Sci. A-1; Polymer Chem. (1964) S. 333—340.

[33] *Rehage, G.*: Zur Thermodynamik der Quellung. II. Quellung im Zustand des inneren Gleichgewichts. Kolloid-Z. u. Z. Polymere **196** (1964) S. 97—125.

[34] *Root, L. A.*, u. a.: Phasengleichgewicht in Systemen aus Polymeren und binären Lösungsmitteln. Kolloid. Ž., Moskva **27** (1965) S. 864—868.

[35] *Lewis, G.*, und *Johnson, F. A.*: Heat of dilution of polymer solutions I. Polystyrene/toluene-system. J. chem. Soc. (A) (1969) S. 1816—1822.

[36] *Bruns, W.*, *Mehdorn, F.*, und *Ueberreiter, K.*: Beitrag zur Thermodynamik der Glasumwandlung. Kolloid-Z. u. Z. Polymere **244** (1971) S. 202—222.

[37] *Prager, S.*, und *Long, F. A.*: Diffusion of hydrocarbons in polyisobutylene. J. amer. chem. Soc. **73** (1951) S. 4072—4075.

[38] *Flory, P. J.*: J. chem. Physics **9** (1941) S. 660; **10** (1942) S. 51—60.
Huggins, M. L.: J. chem. Physics **9** (1941) S. 440; J. physic. Chem. **46** (1942) S. 151.

[39] *Stockmayer, W. H.*, *Moore, jr., L. D.*, *Fixman, M.*, und *Epstein, B. N.*: Copolymers in Dilute Solution. I. Preliminary results for styrene-methyl methacrylate. J. Polymer Sci. **16** (1955) S. 517—530.

[40 *Mächtle, W.*: Untersuchungen an hochmolekularen Lösungen von einigen statistischen Copolymeren. Angew. makromol. Chemie, Basel **10** (1970) S. 1—19.

[41] *Benoit, M.*: Propriétés physico-chimiques des copolymères. Plast. Mod. Elast. **17** (1965) S. 139—149.

[42] *Shibuya, C.*, und *Ogino, K.*: Polymer-solvent interaction parameters in binary copolymer solutions. Reports on Progress in Polymer Physics in Japan **11** (1968) S. 17 bis 20.

Eingegangen am 7. Juni 1973

Zum Einfluß einer Aktivierung von Cellulose mit Ammoniak auf deren anschließende Alkalisierung und Xanthogenierung[1)]

Harry Schleicher, Carola Daniels und Burkart Philipp
Akademie der Wissenschaften der DDR, Institut für Polymerenchemie in Teltow-Seehof

DK 661.728:677.463:677.021.122.223:677.021.122.225:541.128.34:546.171.1

Nach einer Aktivierung von Cellulose mit flüssigem Ammoniak oder wäßrigen Ammoniaklösungen erfolgt im Vergleich zur unbehandelten Cellulose die Umwandlung zu Natroncellulose I bzw. die Auflösung bei einer Emulsionsxanthogenierung bei wesentlich niedrigeren NaOH-Konzentrationen, wobei sich allerdings das Umwandlungs- bzw. Löseintervall verbreitert. Durch eine Ammoniakaktivierung wird bei der Faserxanthogenierung die Sulfidiergeschwindigkeit erhöht und der Filterwert von Viskosen verbessert.

О влиянии активации целлюлозы аммиаком на процесс ее мерсеризации и ксантогенирования

После активации целлюлозы жидким аммиаком или его водными растворами в сравнении с необработанной целлюлозой превращение в натронцеллюлозу или растворение при эмульсионном ксантогенировании происходит при значительно более низких концентрациях щелочи, однако, с известным расширением интервала превращения или растворения. В результате активации аммиаком в случае сухого ксантогенирования увеличивается скорость ксантогенирования и улучшается фильтруемость вискозы.

The Effect of Activation by Ammonia on the Alkalisation and Xanthation of Cellulose

As compared with untreated cellulose, the activation by liquid ammonia or aqueous solutions of ammonia causes the conversion to sodium cellulose I and the dissolution in the emulsion xanthation to proceed at essentially lower NaOH concentration, however with the range of conversion and dissolution being widened. In the fiber xanthation the rate of sulfidation is increased and the filtration value of viscose is improved.

1. Einführung und Zielsetzung

Eine Behandlung nativer Cellulose mit Ammoniak oder mit niederen aliphatischen Aminen führt bei Eindringen dieser Agentien in die hochgeordneten Faserbereiche zu wesentlichen Strukturänderungen [1 bis 4] und nach Entfernung des „Aktivierungsmittels" bei anschließend vorgenommenen chemischen Umsetzungen im Faserverband zu einem deutlichen Anstieg der Reaktionsgeschwindigkeit bzw. des unter bestimmten Bedingungen erreichbaren Substitutionsgrades [1, 3, 4]. Von den meisten Bearbeitern wurde dabei als Testreaktion zur Charakterisierung des erreichten Aktivierungseffektes eine heterogene Acetylierung herangezogen, z. B. von *Klenkova* [1, 5] nach Vorbehandlung mit aliphatischen Aminen und von uns [3] nach Aktivierung mit NH_3 und seinen wäßrigen Lösungen, während der Einfluß einer Aktivierung auf Reaktionen, die wie die Alkalisierung und Xanthogenierung selbst unter starker Quellung in einem alkalischen Medium ablaufen, bisher kaum behandelt wurde. Lediglich *Roffael* [6] befaßte sich mit dem Einfluß von Äthylendiamin auf die von ihm durch das Wasserrückhaltevermögen charakterisierte Mercerisierbarkeit der Cellulose, und in Arbeiten von *Azimov* und *Zaripova* [7] bzw. von *Eliasova* [8] wird über die Erhöhung der Reaktionsfähigkeit bei der Emulsionsxanthogenierung nach Vorbehandlung mit NH_3 bzw. mit Äthylendiamin berichtet. In Weiterführung unserer Untersuchungen zur Aktivierung mit NH_3 und mit Ammoniaklösungen [3] befaßt sich die vorliegende Arbeit mit dem Einfluß einer solchen Aktivierung auf den Verlauf der Natroncellulosebildung, der Emulsionsxanthogenierung und der Faserxanthogenierung, wobei Cellulosepräparate unterschiedlicher Ausgangsstruktur eingesetzt wurden.

[1)] Auszug aus der Diplomarbeit C. Daniels, TH Magdeburg 1973.

2. Bemerkungen zur Versuchsmethodik

Einen Überblick über die hier interessierenden Kenngrößen der *Ausgangspräparate* gibt Tabelle 1.

Die *Aktivierung* erfolgte mit flüssigem NH_3 sowie mit wäßrigen NH_3-Lösungen und in einigen Vergleichsversuchen mit wasserfreiem Äthylamin bei Temperaturen zwischen 0 und −50°C während 30 min, wobei die lufttrockenen Celluloseproben vorher in einer Schlagkreuzmühle zu Watte zerkleinert wurden. Nach der Aktivierung wurden die Proben durch Absaugen bei Raumtemperatur von der Hauptmenge des Aktivierungsmittels befreit und bei 20°C getrocknet oder zur vollständigen Entfernung des Aktivierungsmittels mit kaltem Wasser gewaschen und dann wasserfeucht oder lufttrocken (Trocknung bei Raumtemperatur) eingesetzt.

Die *Umsetzung zu Natroncellulose I* wurde in Abhängigkeit von der NaOH-Konzentration entsprechend unserer früher

Tabelle 1. Kennwerte der Ausgangsproben

Probe	DP_{Cu}	LODP	L_5* %	L_{10}** %	H_2O** Sorption %	relativer Ordnungsgrad***
Buchensulfitzellstoff	720	180	5,9	13,4	9,2	0,59
Fichtensulfitzellstoff	665	193	3,1	7,4	8,8	0,58
Baumwoll-Linters	1660	150	0,3	1,4	7,0	0,71
Linters, hydrolysiert	150	150	2,6	22,4	5,4	0,74

*) % Gelöstes in 5- bzw. 10%iger NaOH
**) Masse% H_2O-Dampfsorption bei 65% rel. Feuchte/20°C
***) röntgenographisch bestimmt nach [9]

beschriebenen Methodik röntgenographisch verfolgt [10], indem nach 2 h Behandlung bei 20 °C mit Natronlauge vorgegebener Konzentration mit Essigsäure neutralisiert und nach Auswaschen und Trocknen der relative Anteil an Cellulose I und Cellulose II bestimmt wurde.

Der Einfluß einer Aktivierung auf die *Emulsionsxanthogenierung* wurde durch Löserückstandbestimmung nach der Methode des Mercerisier- bzw. Sulfidierwiderstandes verfolgt, wobei auf unsere früher mitgeteilten Arbeitsvorschriften [11] verwiesen sei.

Zur Faserxanthogenierung wurden aus aktiviertem Material und den entsprechenden Vergleichsproben Alkalicellulosen technisch üblicher Zusammensetzung hergestellt, diese bei 28 °C mit CS_2-Überschuß in Kleinstansätzen während unterschiedlicher Zeiten sulfidiert und am Faserxanthat nach dem Entfernen des überschüssigen CS_2 und der Nebenprodukte eine γ-Zahl-Bestimmung nach der gasanalytischen Methode vorgenommen [11]. Parallel hierzu wurden aus aktivierten und nichtaktivierten Proben Alkalicellulosen bei unterschiedlicher Tauchlaugenkonzentration hergestellt und diese zu Prüfviskosen bei unterschiedlichem CS_2-Einsatz verarbeitet, an denen wir dann den Filterwert bestimmten [12].

3. Versuchsergebnisse und Auswertung

3.1. Ergebnisse zum Verlauf der Alkalisierung

Die röntgenographischen Mercerisierkurven der nichtaktivierten Proben (Bild 1) bestätigen frühere Ergebnisse [10], nämlich eine recht geringe Intervallbreite der Umwandlung für Holz- wie für Linters-LODP-Cellulose bei erwartungsgemäß unterschiedlicher Lage der Umwandlungsbereiche auf der Konzentrationsachse. Nach Aktivierung mit flüssigem NH_3 bei −50 °C ergibt sich ein grundsätzlich anderer Verlauf der Umwandlungskurven.

Wie aus Bild 1 zu ersehen ist, findet beim aktivierten Zellstoff im Vergleich zum unbehandelten Zellstoff die Gitterumwandlung von Cellulose I zu Natroncellulose I bereits bei erheblich niedrigerer NaOH-Konzentration statt, wobei allerdings das Umwandlungsintervall wesentlich breiter ist. Noch stärker als beim Zellstoff wirkt sich eine Ammoniakbehandlung auf zum level/off-DP abgebaute Cellulose aus, indem hier bereits nach dem Entfernen des Ammoniaks durch Wasser etwa 85% Cellulose II vorliegt. Bei Zusatz von NaOH in steigender Konzentration bleibt bis 7% NaOH der Anteil an Cellulose II mit etwa 85% praktisch unverändert, bis dann bei Übergang zu 8%iger NaOH eine vollständige Mercerisierung stattfindet.

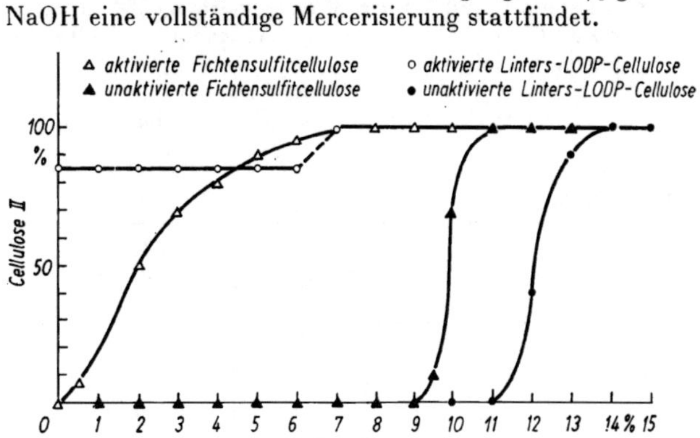

Bild 1. Gitterumwandlung Cellulose I/Cellulose II in Abhängigkeit von der NaOH-Konzentration (Aktivierung mit flüssigem Ammoniak)

Tabelle 2. Relatives Mengenverhältnis Cellulose I/Cellulose II nach Behandlung von aktiviertem Fichtenzellstoff mit 6%iger NaOH

Art der Aktivierung	% Cell I	% Cell II
unbehandelt	100	0
flüssiges NH_3	5	95
wasserfreies Äthylamin	30	70
flüssiges NH_3, mit H_2O nachgewaschen	60	40
25%ige wäßrige NH_3-Lösung	100	0
55%ige wäßrige NH_3-Lösung	100	0
60%ige wäßrige NH_3-Lösung	100	0
70%ige wäßrige NH_3-Lösung	> 90	< 10
80%ige wäßrige NH_3-Lösung	70	30

Einige Ergebnisse zum Einfluß von Aktivierungsmittel und Nachbehandlung der Probe sind in Tabelle 2 zusammengefaßt.

Wasserfreies Äthylamin verschiebt ebenfalls das Umwandlungsintervall zu niedrigeren NaOH-Konzentrationen, jedoch bleibt — im Einklang mit anderen eigenen Ergebnissen [4] — der Aktivierungseffekt etwas hinter dem des reinen NH_3 zurück. Ein Auswaschen der Probe mit kaltem Wasser nach Aktivierung mit flüssigem NH_3 setzt den Aktivierungseffekt für eine nachfolgende Mercerisierung deutlich herab. Bei der Behandlung von Cellulose mit wäßrigen Ammoniaklösungen ist auf Grund vorhergehender Untersuchungen [3] erst ab etwa 50% NH_3-Gehalt überhaupt ein Effekt zu erwarten. Die vorliegenden Ergebnisse sprechen für die Auffassung, daß hinsichtlich der Beeinflussung der Natroncellulose-I-Bildung der Aktivierungseffekt der wäßrigen Ammoniaklösungen oberhalb eines Ammoniakgehaltes von etwa 50% mit der Ammoniakkonzentration kontinuierlich ansteigt.

3.2. Ergebnisse zum Verlauf der Emulsionsxanthogenierung

Die in Bild 2 bis 4 zusammengefaßten Mercerisierwiderstandskurven („MW-Kurven"), bei denen der bei Emulsionsxanthogenierung mit konstanter hoher CS_2-Menge und steigender Laugenkonzentration gelöste Anteil über der NaOH-Konzentration aufgetragen wurde, zeigen in jedem Falle einen deutlichen Einfluß

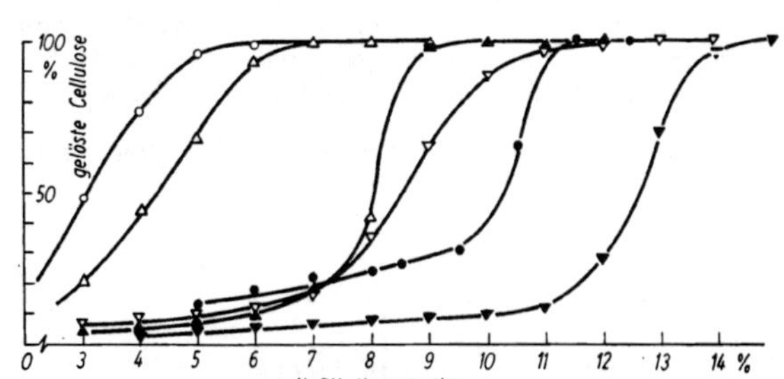

Bild 2. Mercerisierwiderstandskurvenverlauf bei verschiedenen Ausgangsmaterialien (Aktivierung mit flüssigem Ammoniak)

△ aktivierter Fichtensulfitzellstoff
▲ unaktivierter Fichtensulfitzellstoff
○ aktivierte Linters-LODP-Cellulose
● unaktivierte Linters-LODP-Cellulose
▽ aktivierte Baumwoll-Linters
▼ unaktivierte Baumwoll-Linters

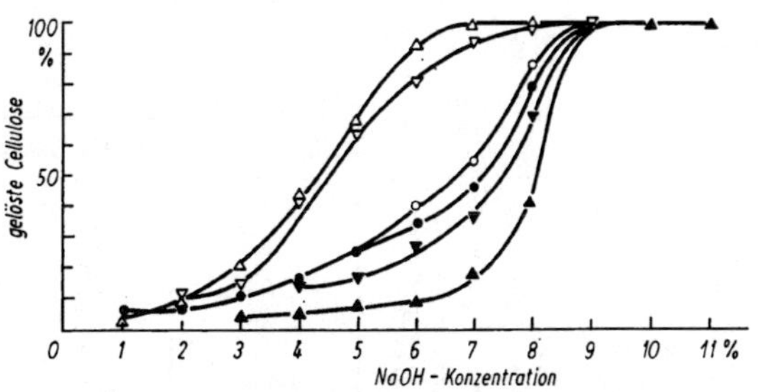

Bild 3. Mercerisierwiderstandskurvenverlauf beim Fichtensulfitzellstoff nach vorheriger Aktivierung mit Ammoniaklösungen unterschiedlicher Konzentration
△ mit flüssigem Ammoniak aktiviert
▲ mit 42%iger wäßriger Ammoniaklösung aktiviert bzw. unaktiviert
○ mit 56%iger wäßriger Ammoniaklösung aktiviert
● mit 53%iger wäßriger Ammoniaklösung aktiviert
▽ mit wasserfreiem Äthylamin aktiviert
▼ mit 50%iger wäßriger Ammoniaklösung aktiviert

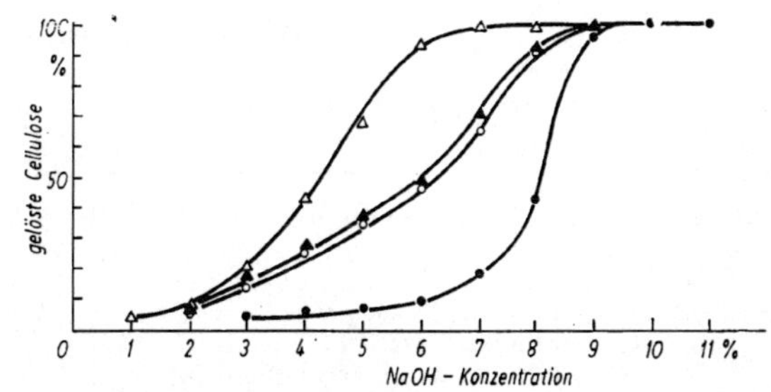

Bild 4. Mercerisierwiderstandskurvenverlauf beim Fichtensulfitzellstoff nach vorheriger Aktivierung mit flüssigem Ammoniak und unterschiedlicher Behandlung nach der Aktivierung
Proben wurden mit flüssigem Ammoniak aktiviert, dieser
△ abgesaugt, die Proben wurden lufttrocken weiterverarbeitet
▲ mit Wasser ausgewaschen, die Proben wurden feucht weiterverarbeitet
○ mit Wasser ausgewaschen, die Proben lufttrocken weiterverarbeitet
● unaktivierte Proben

einer Voraktivierung auf den Löseverlauf, dessen Ausmaß jedoch stark vom Ausgangsmaterial, von den Aktivierungsbedingungen und von der anschließenden Nachbehandlung abhängt. Zur quantitativen Charakterisierung der MW-Kurven zogen wir zunächst entsprechend unserer früheren Arbeitsweise [10] diejenige, aus dem Kurvenverlauf abgeschätzte NaOH-Konzentration heran, die zu einem gelösten Anteil von 50% führt („c_{50}-Wert") und verglichen dabei jeweils aktivierte und nichtaktivierte Probe (Δc_{50}). Ausgehend von dem *S*-förmigen, einer integralen Molmasseverteilungskurve ähnelnden Verlauf der MW-Kurven, sowie von der Überlegung, daß durch die MW-Methode in erster Näherung eine summative Accessibilitätsfraktionierung vorgenommen wird, die MW-Kurve also nicht nur formal, sondern auch physikalisch als Integralkurve einer eingipfeligen Verteilungsfunktion interpretiert werden kann, zogen wir zur besseren Auswertung des gesamten Informationsgehaltes der Kurve eine Auswertung nach der von *Tung* [13] angegebenen Funktion $I(x) = 1 - e^{-ax^b}$ heran. Diese Auswertung erfolgt graphisch in einem Wahrscheinlichkeitsnetz, in dem bei Vorliegen einer *Weibull*-Verteilung entsprechend $F(x) = 1 - e^{-(x/T)^k}$ Geraden erhalten werden und die Werte für T und k unmittelbar abgelesen werden können. Unabhängig von den speziellen Werten für T und k ergeben sich die Wendepunktkoordinaten und damit die Stelle des steilsten Anstiegs der *S*-förmigen Ausgangskurve zu $x_w = T$, $y_w = 0{,}63$, und der Richtungsfaktor in diesem Punkt zu $\lg \alpha_w = 0{,}37\ k/T$.

Bild 5 zeigt an einem Beispiel, daß sich der Verlauf unserer MW-Kurven zwischen ca. 20 und 100% Gelösten durch diese Art der Auswertung ausreichend linearisieren läßt. Der flache Anfangsteil der MW-Kurven, entsprechend einer mit steigender NaOH-Konzentration nur gering zunehmenden Herauslösung

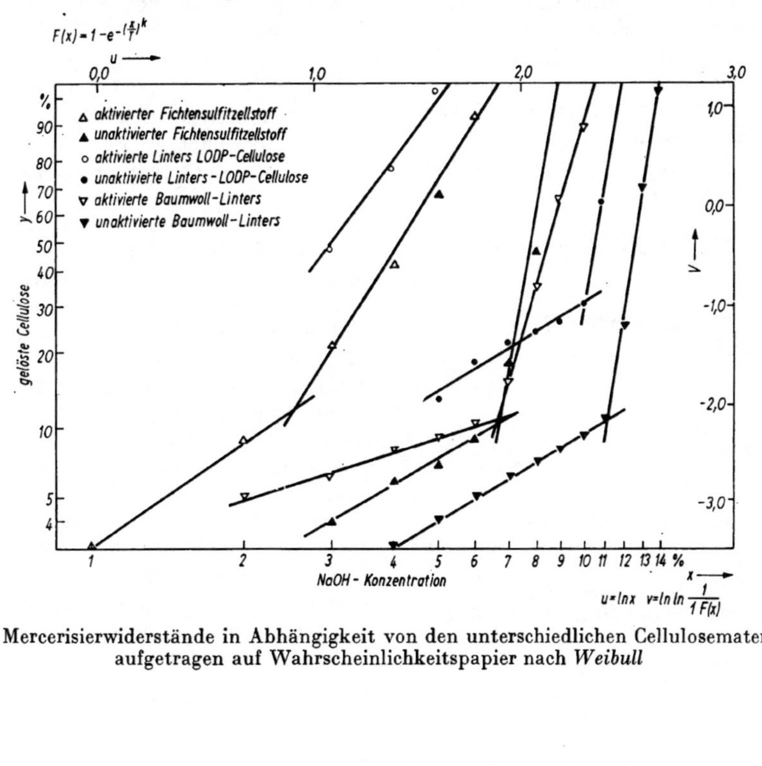

Bild 5. Mercerisierwiderstände in Abhängigkeit von den unterschiedlichen Cellulosematerialien, aufgetragen auf Wahrscheinlichkeitspapier nach *Weibull*

Tabelle 3. Quantitative Auswertung der MW-Kurven

Probe	c_{50}	Δc_{50}	T	k	k/T	Knickpunktkoordinaten % NaOH	% Gelöstes
Fichtensulfitzellstoff (FiSi), unaktiviert	7,9	—	7,9	14,2	1,80	6,8	11
Linters (Li), unaktiviert	12,7	—	12,7	14,7	1,17	11,0	11
LODP-Cell aus Linters (LODP-Cell), unaktiviert	10,3	—	10,3	12,0	1,17	9,8	34
FiSi, flüss. NH_3, nicht ausgewaschen	4,3	4,0	4,5	3,6	0,80	3,0	16
Li, flüss. NH_3, nicht ausgewaschen	8,6	4,1	8,35	6,5	0,79	7,0	16
LODP-Cell. flüss. NH_3, nicht ausgewaschen	3,1	7,2	3,46	2,7	0,77	—	—
FiSi, $C_2H_5NH_2$, nicht ausgewaschen	4,4	3,9	4,9	3,4	0,71	2,8	14,5
FiSi, 42%ige NH_3-Lsg., nicht ausgewaschen	7,9	0	7,9	14,2	1,38	6,8	11,0
FiSi, 50%ige NH_3-Lsg., nicht ausgewaschen	7,5	0,8	7,62	9,0	1,18	6,2	21,0
FiSi, 53%ige NH_3-Lsg., nicht ausgewaschen	7,2	1,1	7,34	7,0	0,95	5,9	24,0
FiSi, 56%ige NH_3-Lsg., nicht ausgewaschen	6,7	1,6	6,70	5,4	0,81	5,3	22,0

sehr leicht zugänglicher Anteile, läßt sich im *Weibull*-Diagramm ebenfalls näherungsweise durch eine Gerade mit flachem Anstieg erfassen, wobei der Knickpunkt zwischen beiden Geraden im Bereich zwischen etwa 10% und 30% gelösten Anteil liegt. Die obenstehende Tabelle 3 faßt die Ergebnisse der quantitativen Auswertung zusammen. Erwartungsgemäß besteht eine enge Korrelation zwischen dem c_{50}-Wert und T als derjenigen NaOH-Konzentration, bei der 63% der Probe gelöst sind. Der Quotient k/T als Maßzahl der Steilheit des Kurvenantiegs im Wendepunkt erlaubt eine Abschätzung der Intervallbreite der NaOH-Konzentration im steil ansteigenden Bereich der MW-Kurve und damit der Uneinheitlichkeit der Accessibilitätsverteilung. T und auch k scheinen generell mit steigendem mittlerem Ordnungsgrad der Probe zuzunehmen, wobei diese Korrelation noch einer weiteren experimentellen Sicherung bedarf.

Eine Aktivierung mit flüssigem NH_3 führt bei allen Proben zu einer Verschiebung des Löseintervalls zu niedrigeren NaOH-Konzentrationen (Abnahme von T und c_{50}), wobei dieser Effekt bei LODP-Cellulose besonders ausgeprägt ist, und zu einer erheblichen Verbreiterung des Löseintervalls (Abnahme von k/T), d. h. einer größeren Uneinheitlichkeit in der Accessibilitätsverteilung. Im Vergleich zu flüssigem NH_3 zeigt auch hier wieder Äthylamin einen etwas geringeren Aktivierungseffekt. Wäßrige NH_3-Lösungen führen bei Konzentrationen oberhalb ca. 49%, also etwa ab einem Molverhältnis $NH_3:H_2O$ wie 1:1, ebenfalls zu einer mit der NH_3-Konzentration zunehmenden

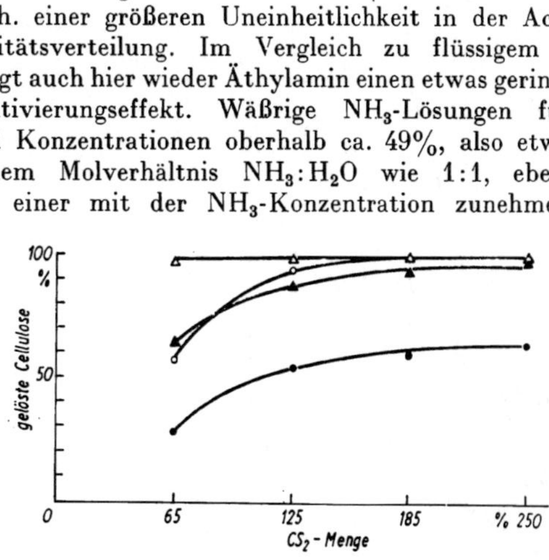

Bild 6. Sulfidierwiderstandskurvenverlauf beim Fichtensulfitzellstoff nach vorheriger Aktivierung mit flüssigem Ammoniak

△ aktivierte Probe, in 9%iger NaOH-Lösung sulfidiert
▲ unaktivierte Probe, in 9%iger NaOH-Lösung sulfidiert
○ aktivierte Probe, in 8%iger NaOH-Lösung sulfidiert
● unaktivierte Probe, in 8%iger NaOH-Lösung sulfidiert

Verschiebung von T bzw. c_{50} nach niedrigeren NaOH-Konzentrationen bei gleichzeitig abnehmender Steilheit des Kurvenanstieges, wobei sich aus dem Verlauf der Geraden im Wahrscheinlichkeitsnetz abschätzen läßt, daß etwa mit 65%iger NH_3-Lösung (Molverhältnis $NH_3:H_2O$ wie 2:1) die gleiche Steilheit wie mit flüssigem NH_3 erreicht ist. Wie schon bei den Umwandlungskurven Cell I → Cell II diskutiert, verringert ein Auswaschen der NH_3-behandelten Proben den Aktivierungseffekt erheblich, wobei zusätzlich die anschließende Trocknung eine Rolle spielt (Anstieg von T in der Reihenfolge ,,H_2O-feucht verarbeitet", ,,luftgetrocknet", ,,ofengetrocknet").

Einige orientierende Versuche zur Emulsionsxanthogenierung unter ,,Sulfidierwiderstands"-Bedingungen, d. h. bei vorgegebener NaOH-Konzentration und steigender CS_2-Menge, bestätigten den bei den MW-Kurven beobachteten Aktivierungseffekt (Bild 6). Sowohl mit 8%iger wie mit 9%iger NaOH liegen die Kurvenzüge für aktivierten Fichtenzellstoff über denen der Vergleichsproben, wobei entsprechend dem Verlauf der MW-Kurven in Bild 2 dieser Unterschied im SW-Verlauf mit 8%iger NaOH im gesamten untersuchten Bereich der CS_2-Einsatzmenge erhalten bleibt, mit 9%iger NaOH dagegen bei hohem CS_2-Einsatz verschwindet.

3.3. Ergebnisse zur Faserxanthogenierung und Viskosierung

Die Faserxanthogenierung einer mit 18%iger NaOH getauchten Alkalicellulose technisch üblicher Zusammensetzung mit einem Überschuß an CS_2 ergibt für einen mit flüssigem NH_3 aktivierten Buchensulfitzellstoff eine um etwa 25% höhere Anfangsgeschwindigkeit der Xanthogenatbildung und einen etwas höheren Maximal-γ-Wert als bei Einsatz der nichtaktivierten Vergleichsprobe (Bild 7). Während mit normal hergestellten Alkalicellulosen der maximale γ-Wert für die hier angewandte Sulfidiertemperatur von 28 °C zwischen 90 und 95, also unter dem für die heterogene Xanthogenierung von Alkalicellulose gegebenem Grenzwert von $\gamma = 100$ liegt, wird dieser Grenzwert bei vorheriger NH_3-Aktivierung erreicht bzw. leicht überschritten.

Die in Bild 7 mit eingetragenen Kurvenzüge einer Faserxanthogenierung nach Tauchung mit 12%iger NaOH lassen ebenfalls einen, wenn auch geringen, Aktivierungseffekt erkennen. Die Anfangsgeschwindigkeit der Xanthogenierung ist hier gegenüber den mit 18%iger Lauge getauchten Proben kaum verringert,

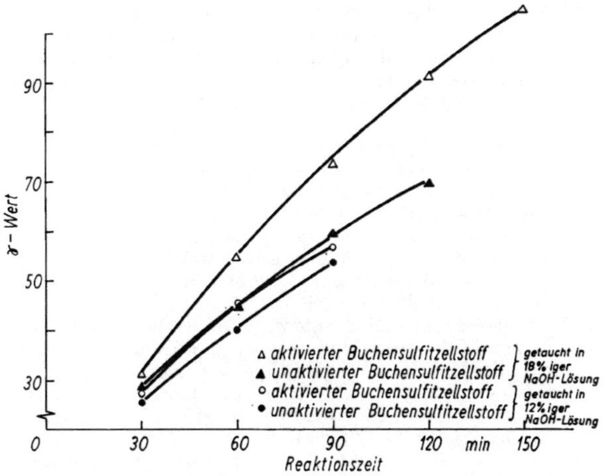

Bild 7. Zeitliche Abhängigkeit des Substitutionsgrades bei der Xanthogenierung

die Zeit-Umsatz-Kurven flachen jedoch schon nach relativ kurzer Sulfidierzeit stark ab, offenbar infolge Verarmung an freier und gebundener NaOH.

Den Einfluß einer Aktivierung mit flüssigem NH_3 auf die Filtrationsqualität einer Laborviskose prüften wir unter Verwendung eines Buchensulfitzellstoffs, der mit unterschiedlicher NaOH-Konzentration getaucht und mit verschiedenen CS_2-Mengen sulfidiert wurde. Im gesamten untersuchten Bereich liegt der Filterwert des aktivierten Zellstoffs über dem der Vergleichsprobe, wobei die Differenz der R_v-Werte bei Verwendung 14%iger Tauchlauge besonders groß ist. Hier wird mit aktiviertem Zellstoff ein normalen Buchenviskosen entsprechender R_v-Wert erhalten, während die nichtaktivierte Vergleichsprobe zu einem nur halb so hohen R_v-Wert führt. Die Ursache dieser Filterwertsverbesserung durch NH_3-Aktivierung sehen wir einmal in einer besseren CS_2-Ausnutzung für die Xanthogenierung (vgl. Bild 7), zum anderen in einer durch die zusätzliche Strukturauflockerung bedingten gleichmäßigeren Verteilung der Xanthogenatgruppen, die ebenfalls zu einer Verringerung der Zahl der Gelpartikel in der Viskose beitragen kann.

4. Zusammenfassende Diskussion und Schlußfolgerungen

Das wesentliche Ergebnis dieser Arbeit ist die Feststellung, daß eine Vorbehandlung von Cellulosepräparaten mit Ammoniak auch für solche Umsetzungen zu einem deutlichen Aktivierungseffekt führt, die wie Alkalisierung und Xanthogenierung selbst unter starker Quellung im alkalischen Medium ablaufen, und daß die Wirkung eines solchen Aktivierungseffektes sogar in der Filtrationsqualität der fertigen Viskose, also nach praktisch vollständiger Zerstörung der übermolekularen Struktur, noch erkennbar bleibt. Wie auf Grund unserer früheren, bereits publizierten Untersuchungen [4] zu erwarten, zeigt dabei flüssiges Ammoniak als Aktivierungsmittel den größten Einfluß auf nachfolgende Umsetzungen, indem für NH_3 offenbar auf Grund der Kleinheit des Moleküls auch die hochgeordneten Faserbereiche vollständiger zugänglich sind als beispielsweise für wasserfreies Äthylamin, und somit gerade auch in diesen Bereichen eine Strukturauflockerung erfolgt. Eine Aktivierung für nachfolgende Umsetzungen in alkalischem Medium läßt sich auch mit wäßrigen NH_3-Lösungen vornehmen, wenn eine Mindestkonzentration zwischen 45 und 50% NH_3, entsprechend einem Molverhältnis NH_3 zu H_2O etwa gleich 1:1, überschritten wird, wobei der Aktivierungseffekt je nach der als Kriterium herangezogenen Umsetzung bzw. den Umsetzungsbedingungen bei unterschiedlicher NH_3-Konzentration einsetzt und mit steigender NH_3-Konzentration zunimmt. Wesentlich für die Größe des Aktivierungseffekts ist auch für nachfolgende Umsetzungen im alkalischen Medium die Behandlung der Probe zwischen Aktivierung mit NH_3 und der späteren Umsetzung. Als besonders günstig erwies sich ein Abdampfen des NH_3 mit anschließender Trocknung bei Raumtemperatur. Der Aktivierungseffekt für die nachfolgende Umsetzung verringert sich erheblich, wenn aus wasserfeuchtem Zustand vor der folgenden Umsetzung zwischengetrocknet wird. Je nach dem betrachteten Reaktionsverlauf bewirkt eine Voraktivierung mit NH_3 eine Verschiebung des Löse- bzw. Umwandlungsintervalls zu niedrigeren NaOH-Konzentrationen bei gleichzeitiger Verbreiterung des Umwandlungsintervalls, einen Anstieg der Anfangsgeschwindigkeit der Umsetzung und/oder eine Erhöhung des unter bestimmten Bedingungen erreichbaren maximalen Umsetzungsgrades bei der anschließenden Reaktion in alkalischem Medium. Unsere Ergebnisse lassen sich dahingehend zusammenfassen, daß durch die Aktivierung bzw. die dabei erreichte Accessibilitätserhöhung bei einer nachfolgenden Heterogenreaktion in alkalischem Medium eine gewisse Annäherung an einen homogenen Reaktionstyp erfolgt. Die Erhöhung der „mittleren Accessibilität" bei der Aktivierung ist zugleich verbunden mit einer Verbreiterung der Accessibilitätsverteilung, wobei wir das Modell des „kontinuierlichen Ordnungsspektrums" nach *Howsmon* und *Marchessault* [14] zugrunde legen. Man muß offenbar annehmen, daß die Störung der lateralen Ordnung durch den Aktivierungsprozeß nicht in allen Bereichen der Faserstruktur gleichmäßig erfolgt und vor allem nicht gleichmäßig für die nachfolgende Umsetzung erhalten bleibt, was die beobachtete Verbreiterung z. B. des Löseintervalls bei einer Emulsionsxanthogenierung erklären könnte. Die bisher getroffenen Feststellungen gelten grundsätzlich für alle von uns untersuchten Ausgangsproben von Cellulose I, wobei sich jedoch deutliche graduelle Unterschiede zeigen. Besonders ausgeprägte Aktivierungseffekte lassen sich mit einer bis zum LODP hydrolysierten Linters-Cellulose erreichen, da hier der niedrige DP und die weitgehende Zerstörung übergeordneter morphologischer Strukturen Umordnungsvorgänge erleichtern und andererseits die hohe laterale Ordnung der hydolysierten Ausgangsprobe einen weiten Spielraum für eine Ordnungsverringerung bietet. Die hier beobachtete Umwandlung zu Cellulose II nach der Behandlung mit Ammoniak und Wasser wurde an anderen Cellulosen bisher nicht festgestellt. Auch nach der Behandlung der mit Ammoniak aktivierten LODP-Cellulose mit 12%iger Natronlauge und anschließender Regenerierung ergab die Probe ein von der normalen Cellulose II abweichendes Röntgenbild, das einer weiteren Untersuchung bedarf.

Im Zusammenhang mit der durch eine Aktivierung hervorgerufenen Erhöhung der mittleren Accessibilität und Verbreiterung der Accessibilitätsverteilung sei abschließend auf die in dieser Arbeit diskutierte Möglichkeit einer Auswertung von Accessibilitätsverteilungskurven nach der von *Tung* für die Linearisierung von Integralkurven der Verteilung der rel. Molekülmasse herangezogenen Funktion $I(x) = 1 - e^{-ax^b}$ hingewiesen. Diese Methode bewährte sich zur besseren Ausschöpfung des Informationsgehaltes von Mercerisierwiderstandskurven und erscheint uns auch auf andere eingipfelige Accessibilitätsverteilungskurven übertragbar.

Der Abteilung Physik des Instituts für Polymerenchemie danken wir für die Anfertigung und Auswertung von Röntgenaufnahmen.

Literatur

[1] *Klenkova, N. I.:* Umsetzung von Cellulose mit Aminen als aussichtsreicher Weg für die Aktivierung der Cellulose und die Steigerung ihrer Reaktionsfähigkeit bei den Prozessen zur Herstellung der verschiedenen Derivate. Ž. prikl. Chimii (Z. angew. Chemie) **40** (1967) S. 2191–2208.

[2] *Klenkova, N. I., Matveeva, N. A., Kulakova, O. M.,* und *Volkova, L. A.:* Weitere Angaben über die Aktivierung der Cellulose mit Aminen. Ž. prikl. Chimii (Z. angew. Chemie) **42** (1969) S. 2806–2813.

[3] *Koura, A.,* und *Schleicher, H.:* Untersuchungen zur Quellung und Lösung von Cellulose in aminhaltigen Flüssigkeitsgemischen. 5. Mitt.: Zur Strukturänderung von Cellulose durch Ammoniaklösungen. Faserforsch. u. Textiltechnik **24** (1973) S. 82–86.

[4] *Koura, A., Schleicher, H.,* und *Philipp, B.:* Untersuchungen zur Quellung und Lösung von Cellulose in aminhaltigen Flüssigkeitsgemischen. 6. Mitt.: Zur Strukturveränderung von Cellulose durch Amine und Aminlösungen. Faserforsch. u. Textiltechnik **24** (1973) S. 187–194.

[5] *Makova, L. I.,* und *Klenkova, N. I.:* Homogene und heterogene Acetylierung von mit Äthylendiamin aktivierten Holzzellstoffen. Ž. prikl. Chimii (Z. angew. Chemie) **45** (1972) S. 140–145.

[6] *Roffael, E.:* Über den Einfluß von Äthylendiamin auf die Feinstruktur und Mercerisierbarkeit der Cellulose nach dem Wasserrückhaltevermögen. Faserforsch. u. Textiltechnik **22** (1971) S. 429–433.

[7] *Azimov, Z. A.,* und *Zaripova, A. M.:* Der Einfluß einer Behandlung von Cellulose mit flüssigem Ammoniak auf die Reaktionsfähigkeit bei der Xanthogenierung. Redkollegija „Uzb. chim. z." AN UzSSR, Taschkent (1971) 6 s, bibliogr. 4 nazov. (Nr. 3693–71 Dep.). Ref. Ž. Chimija (1972) 17 C 545.

[8] *Eliasova, D.:* Reaktivität von mit Äthylendiamin dekristallisiertem Zellstoff. Sbornik vysk. prac z odborn papiera a celulozy (Sammlung der Forschungsarbeiten aus der Papier- und Zellstoffindustrie) **13** (1968) S. 99 bis 107.

[9] *Hermans, P. H.,* und *Weidinger, A.:* Estimation of crystallinity of some polymers from X-ray intensity measurements. J. Polymer Sci. **4** (1949) S. 709–723.

[10] *Philipp, B., Lehmann, R.,* und *Ruscher, Ch.:* Zum Einfluß des Cellulosematerials auf den Verlauf der Alkalicellulosebildung. Faserforsch. u. Textiltechnik **10** (1959) S. 22–35.

[11] *Philipp, B.:* Zur Analytik von Viskoselösungen. Chem. Technik **8** (1956) S. 77–80.

[12] Herstellung von Viskosefaserstoffen. Chemische Prüfverfahren. Verarbeitungsprüfung von Viskosezellstoff. TGL 142-2042 Blatt 9.

[13] *Tung, L. H.:* Fractionation of polyethylene. J. Polymer Sci. **20** (1956) S. 495–506.

[14] *Howsmon, J. A.,* und *Marchessault, R. M.:* Experimental evalution of the lateral-order distribution in cellulose. Textile Res. J. **27** (1957) S. 30–41.

Eingegangen am 30. Mai 1973

Über das polarographische Verhalten einiger Derivate der Terephthal- und Isophthalsäure

2. Mitt.: Die selektive Bestimmung von Terephthalsäureestergliedern in Polymeren und Polymerkombinationen[1])

Werner Berger und Karl-Heinz Ewert

Technische Universität Dresden, Sektion Chemie

VEB Chemiefaserwerk Wilhelm-Pieck-Stadt Guben, Abteilung Forschungslabor

DK 547.584'023:678.674'524'420:677.494.674'524'420:543.283.062:542.924.5:546.171.5

Die Abspaltung von Terephthalsäureestereinheiten durch Hydrazin und die selektive polarographische Bestimmung des bei der Spaltung entstehenden Terephthalsäuredihydrazids werden beschrieben. Diese spezifische Spaltungsreaktion und die polarographische Reduzierbarkeit des Hydrazinolysehauptproduktes bilden die Grundlage zu einer neuen quantitativen Bestimmungsmethode für Terephthalsäureanteile in Estern. Dazu zählen Polydiolterephthalate jeder rel. Molekülmasse, deren Blockpolymere, Co- und Bikomponenten, Polymermischungen sowie Filamentmischgarne

К полярографическому поведению некоторых производных терефталевой и изофталевой кислот.
Сообщ. 2-е: Избирательное определение звеньев эфиров терефталевой кислоты в полимерах и их комбинациях

Описано отщепление остатков эфиров терефталевой кислоты гидразином и избирательное полярографическое определение дигидразида терефталевой кислоты, образующегося в процессе отщепления. Указанная специфическая реакция и возможность восстановления основного продукта гидразинолиза при полярографии являются основой нового метода количественного определения остатков терефталевой кислоты в ее эфирах, как например, полидиолтерефталаты любого молекулярного веса, их блоксополимеры, со- и бикомпоненты, смеси полимеров и смешанные нити.

The polarographic Behaviour of some Terephthalic and Isophthalic Acid Derivatives
2nd Comm.: Selective Determination of Terephthalic Ester Units in Polymers and Polymer Compositions

The elimination of terephthalic ester units by hydrazine and the selective polarographic determination of terephthalic acid hydrazide formed during the elimination is described. The specific splitting reaction and the polarographic reduction of hydrazinolysis products provide a basis of a new quantitative method for the determination of the amount of terephthalic acid in esters, including polydiolterephthalates of any molecular weight, their block polymers, copolymers and bicomponent polymers, polymer blends and mixed filament yarns.

1. Einleitung

Die Synthese von Hochpolymeren aus mehreren Grundkomponenten führte auf dem Fasersektor zu modifizierten Fasertypen, den sogenannten „Fasern der zweiten Generation".

Diese Entwicklung schließt notwendigerweise die Analyse und Charakterisierung der nach speziellen Technologien [1 bis 4] produzierten Faserstoffe ein.

Die quantitative Analyse dieser Produkte ist möglich, wenn spezifisch spaltbare Bindungen, geeignete Spaltungsreaktionen und leistungsfähige Bestimmungsmethoden [5, 6] zur Verfügung stehen. Für die Spaltung der Rückgratkette eines Polymeren in Radikale oder für den erfolgreichen Angriff eines chemischen Agens auf ein Kettenatom sind neben den Dissoziationsenergien der Bindungen und der „Nachbargruppeneffekte" vor allem Energieart und -menge entscheidend. Das Resultat der Analyse wird von der Wahl geeigneter Abbaubedingungen abhängen.

Der „zerstörungsfreien" analytischen Bestimmung einzelner im Makromolekül gebundener Komponenten steht häufig die begrenzte Löslichkeit der Polymeren entgegen. Polyäthylenterephthalat (PÄT) steht zwar in dem Ruf, chemisch sehr resistent zu sein; unter bestimmten Bedingungen werden aber die Esterbindungen durch nucleophile Agentien quasitativ gespalten. Polymergrundbausteine und Cokomponenten aus Polyestern und anderen Polymeren lassen sich oft nur nach einer speziellen chemischen Abbaureaktion identifizieren und quantitativ bestimmen.

[1]) 1. Mitt. s. [28]

Die Möglichkeit der Pyrolyse hat zu pyrolytischen Arbeitsmethoden mit anschließender gravimetrischer [7], gaschromatographischer [8 bis 13] und IR-spektrographischer [14, 15] Bestimmung der Abbauprodukte geführt. Da Abbaureaktionen meist zu niedermolekularen Substanzen führen, wird die analytische Seite häufig mit der Gaschromatographie bearbeitet. Der oxydative Abbau [16, 17] und die als „Metathese" bezeichnete Reaktion [18, 19, 20] von Kohlenwasserstoffen werden in der Hochpolymerenanalytik zur gezielten Spaltung von Kohlenstoff/Kohlenstoff-Bindungen herangezogen.

Im vorliegenden Teil der Arbeit berichten wir über die Hydrazinolyse von Terephthalsäureestern und ihre Anwendung in der analytischen Praxis. Wir koppelten diese Abbaureaktion mit der Polarographie. Die Grundlage für die polarographische Bestimmung des Abbauproduktes wurde im Teil I dieser Arbeit gegeben.

2. Zur Hydrazinolyse von Polyestern

Hydrazin reagiert sowohl mit monomeren als auch mit oligomeren und polymeren Terephthalsäureestern. Enthalten Oligomerengemische, wie sie bei der direkten Veresterung von Terephthalsäure (TPS) mit Äthylenglykol (ÄG) anfallen, eine höhere Konzentration an Carboxylendgruppen, so entsteht bei der Umsetzung mit Hydrazin neben dem Terephthalsäuredihydrazid (TDH) als Hauptprodukt eine der Carboxylendgruppenkonzentration äquivalente Menge Terephthalsäuremonohydrazin (TMH) nach folgender Reaktionsgleichung:

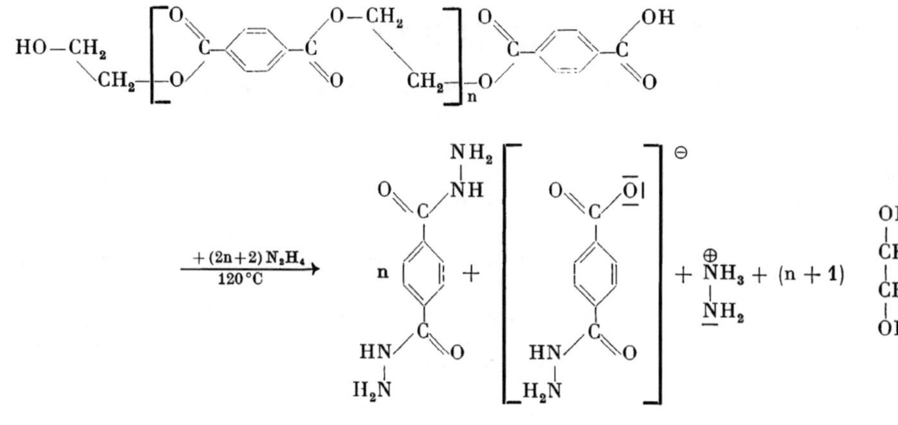

(I)

Im Hydrazinolysat von oligomeren und polymeren Umesterungsprodukten ist neben den Glykolen auch Methanol enthalten.

Diäthylenglykol (DÄG) als Cokomponente [21] und Methanol, aus Methylesterendgruppen stammend [22], wurden auf dieser Grundlage bereits gaschromatographisch bestimmt.

Der Monohydrazidanteil ist bei polymeren Produkten mit einem Carboxylendgruppengehalt von 50 μÄqu. · g^{-1} für analytische Zwecke bedeutungslos, da er neben einem ca. 100fachen Überschuß des Dihydrazids polarographisch nicht bestimmbar ist. Im Hydrazinolysat niedermolekularer Direktveresterungsprodukte lassen sich die beiden Hydrazide nebeneinander und durch TPS ungestört bestimmen. Diese Überlegungen haben sich an Modellsubstanzgemischen aus TPS, Mono- und Diglykolterephthalat sowie dem Polymeren bestätigen lassen. Es hat sich aber gezeigt, daß bei der Einwirkung von Hydrazin auf eine unveresterte Carboxylgruppe neben der Ammoniumsalzbildung in geringem Maße eine Reaktion zum Säurehydrazid eintritt. Die Ergebnisse sind in Tabelle 1 zusammengestellt.

Bei Verwendung von Methylhydrazin als Aminkomponente konnten wir diese Hydrazidbildung an der Carboxylgruppe nicht nachweisen. Durch den Einsatz eines Überschusses von konzentriertem Hydrazinhydrat (85%ig) ist eine schnelle und eindeutig ablaufende Reaktion gewährleistet und die Konkurrenzreaktion durch H_2O- oder $OH^{\ominus}$-Angriff unter Bildung von TPS zurückgedrängt. Zur Erklärung der großen Reaktionsgeschwindigkeit muß beachtet werden, daß es sich bei dem Umsatz zwischen PÄT und Hydrazin um eine heterogene Reaktion handelt, bei der aber den Hydrazinmolekülen die große Oberfläche von Seidenproben (im Gegensatz zu Chips) angeboten wird [21] und die Reaktionstemperatur oberhalb der Glastemperatur des Polyesters liegt, ein Temperaturbereich in dem die Diffusion von Hydrazin in die polymere Substanz durch Lockerung der Struktur begünstigt ist. Da TDH in konzentriertem Hydrazinhydrat gut löslich ist, kommt es während der Reaktion nicht zur Ausbildung einer schützenden Deckschicht am polymeren Feststoff.

Tabelle 1. Ergebnisse der polarographischen Analyse einiger Modellsubstanzen nach ihrer Hydrazinolyse

Modell-substanz	Einwaage mol	TDH mol	TMH mol
DGT	$1 \cdot 10^{-3}$	$0{,}9 \cdot 10^{-3}$	$0{,}05 \cdot 10^{-3}$
DGT TPS	$1 \cdot 10^{-3}$ $1 \cdot 10^{-3}$	$1{,}05 \cdot 10^{-3}$	$0{,}3 \cdot 10^{-3}$
TPS	$1 \cdot 10^{-3}$	$0{,}02 \cdot 10^{-3}$	$0{,}05 \cdot 10^{-3}$
PÄT	$1 \cdot 10^{-3}$ Grundmole	$0{,}96 \cdot 10^{-3}$	n.n.

In den Faserstoff-Tabellen nach *P.-A. Koch* [23] ist die „Auflösung“ von Polyesterfasern in einer 10%igen Lösung von Hydrazin in Butanol als charakteristische Nachweisreaktion für Polyester genannt.

Polyesterfasern auf Basis TPS und 1,4-Bis(hydroxymethyl)-cyclohexan lösen sich nicht. Dieses Verhalten deutet auf eine verminderte Carbonylaktivität, die durch die „sperrige“ Diol-Komponente bedingt sein könnte, hin.

Die Hydrazinolysereaktion läuft auch quantitativ ab, wenn PÄT Bestandteil einer Polymermischung ist. Hierbei ist es unbedeutend, ob der PÄT-Anteil als disperse oder kohärente Phase vorliegt. Aus einer Source-Faser (15% PÄT, 85% PCA) konnten wir die PÄT-Fibrillen mit Hydrazin herauslösen und die fibrillenfreie Polyamid-Matrix unter dem Mikroskop sichtbar machen. Als geschwindigkeitsbestimmenden Schritt dieser Reaktion sehen wir die Diffusion der Hydrazinmoleküle durch die polymere Substanz (PCA-Matrix) zur PÄT-Phase und die Rückdiffusion der Reaktionsprodukte in die Lösung an. Da die Reaktion der in die polymere Matrix eingebetteten PÄT-Fibrillen mit Hydrazin aber ebenso schnell abläuft wie mit reinen PÄT-Fäden, muß mit einer Auflockerung des kohärenten Molekülverbandes gerechnet werden (Reaktionstemperatur > Tg). Das Verhalten solcher Matrix-Fibrillen-Fäden gegenüber Testfarbstoffen läßt eine nähere Erklärung zu. Während PÄT von einem bestimmten Farbstoff gelb und PCA blau angefärbt wird, erscheint uns der Matrix-Fibrillen-Faden aus beiden Komponenten in der Mischfarbe grün. Mit Hilfe der Mikrophotographie soll es möglich sein, diese partiell angefärbte dispergierte Phase in einer polymeren

Matrix sichtbar zu machen [24]. Das heißt aber, daß die dispergierte PÄT-Phase für Hydrazinmoleküle gut zugänglich auch an der Fadenoberfläche zu finden ist. Neben der chemischen Umsetzung kommt es auch zu einer Extraktion von Oligomeren, die bei der polarographischen Bestimmung Anlaß zu Störungen geben können. Wir beobachteten auch bei anderen Polymerkombinationen, die bis zu 90% PÄT enthielten, daß nach Entfernen des Esteranteils ein zusammenhängendes Netzwerk der Mischungskomponente (10 bis 15%) zurückblieb.

Die Reaktion von Hydrazin mit dem PÄT-Anteil einer Bikomponentenfaser wird nur erschwert, wenn ein PÄT-Kern von einem hydrazinresistenten Mantelpolymeren umschlossen wird. Bei side-by-side-Typen sind beide Polymerphasen an der Faseroberfläche zu finden. Bei der Herstellung von Polymerkombinationen aus PÄT und PCA ist mit der Bildung von Terephthalsäureamiden oder Esteramiden zu rechnen. Ob unter Hydrazinolysebedingungen eine Umamidierung zum Hydrazid stattfindet, ist noch nicht näher untersucht worden. Wir wissen einerseits, daß die Amidbindung im Polycaproamid hydrazinresistent ist, daß aber andererseits die Peptidbindung durch Hydrazin unter Bildung von Aminocarbonsäurehydraziden und die C-terminale Aminocarbonsäure gespalten wird (Analogie zu I). Diese Hydrazin-Methode nach *Akabori* [25] hat bei der Aufklärung der primären Polypeptid-Struktur Bedeutung erlangt. Da Hydrazin als reduzierendes Agens beim Entmonomerisierungsprozeß von Polyamiden Verwendung findet [26], sind Umamidierungen der Amidbindungen und damit eine Kettenspaltung durch Hydrazin nicht zu erwarten.

3. Zur polarographischen Bestimmung des PÄT-Masseanteils

Würde die TPS durch Substitution modifiziert, so ist die veränderte Reaktivität sowohl bei der Spaltungsreaktion der Rückgratkette des Esters als auch bei der polarographischen Reduktionsreaktion des kernsubstituierten TDH zu beachten. Elektronenanziehende Gruppen erleichtern, Elektronendonatoren und Säuregruppen im Alkalischen erschweren die kathodische Reduktion. Ist der Substituent selbst reduzierbar, so ändert sich das gesamte polarographische Verhalten der Substanz.

Die Beeinflussung des polarographischen Diffusionsgrenzstromes von TDH oder der substituierten Produkte durch andere polymere, gelöste Co- und Bikomponenten muß von Fall zu Fall untersucht und bei quantitativer Auswertung der Polarogramme berücksichtigt werden. Als niedermolekulare Lösungspartner können Oligomere und Produkte auftreten, die durch polymeranaloge Reaktionen an den Polymermischungskomponenten entstehen können.

Wir führten die polarographische Bestimmung des PÄT-Anteils in Gegenwart einer Reihe polymerer Komponenten, die z. T. gefärbt waren, durch. Bei keiner Probe trat auf dem Polarogramm eine zweite Stufe auf, die auf die Bildung eines weiteren aktiven Reaktionsproduktes der Polymeren bzw. der Farbstoffe mit Hydrazin hinweisen würde. Diese Aussage bezieht sich nur auf die eingehaltenen polarographischen Bedingungen.

Die Adsorption von Polymeren am Quecksilbertropfen vor der Reduktion des Depolarisators führt zur Hemmung der Durchtrittsreaktion. Dieser Effekt führt ebenso wie die Verringerung des Diffusionskoeffizienten des Depolarisators durch Molekülassoziation oder Erhöhung der Lösungsviskosität zur Erniedrigung des Diffusionsgrenzstromes [27].

Die Selektivität des Verfahrens ist groß, da neben dem TDH keine anderen Dicarbonsäuredihydrazide reduziert werden. Die als Modifizierungskomponente verwendete Isophthalsäure wird unter den eingehaltenen Bedingungen wohl in das Dihydrazid überführt, aber nicht reduziert.

3.1. Durchführung der Bestimmung und Fehlerbetrachtung

Es ist eine Probemenge (E), die 10 bis 20 mg PÄT Masseanteile enthält, mit analytischer Genauigkeit in ein Reagenzglas einzuwägen und mit 3 bis 4 ml Hydrazinhydrat (85%ig) zu übergießen. Die Hydrazinolyse ist bei Fasern nach 20 min, bei den kompakteren Chips in 2 h vollständig.

Die Reaktionstemperatur soll 120 °C nicht übersteigen.

Die gelbe Lösung des Dihydrazides ist dann unter Nachspülen mit 25%igem Hydrazinhydrat in einen 50-ml-Maßkolben zu überführen. Es wird mit Hydrazinhydrat (25%ig) nach dem Temperieren aufgefüllt.

Die Lösung muß klar bleiben.

1 ml dieser Lösung ist mit 9 ml einer Pufferlösung nach *Britton-Robinson*, pH = 11 bis 12, in einer polarographischen Zelle mit Hilfe eines Stickstoffstromes zu vermischen. Gleichzeitig wird der Sauerstoff aus der Lösung entfernt.

Das Polarogramm ist bei —1,4 V beginnend bis zum Endanstieg zu registrieren. Das HSP beträgt —1,67 V (GKE) [28].

Die Grundlage der Berechnung des Analysenergebnisses bilden Gleichung (I) und die Proportionalität zwischen dem Diffusionsgrenzstrom und der TDH-Konzentration.

Als Eichsubstanz verwendeten wir eine 10^{-3} m Lösung von TDH in 25%igem Hydrazinhydrat (Methode mit Standardzusatz) oder eine unmattierte PÄT-Faserprobe mit kleinem Carboxylendgruppengehalt. Eine Eichkurve — Stufenhöhe = f(mg PÄT) — erlaubt eine unkomplizierte Umrechnung der gemessenen Stufenhöhe nach folgender Beziehung:

$$\text{PÄT-Anteil in } \% = \frac{A \cdot 100}{E \text{ in mg}};$$

A = aus der Eichkurve entnommener Abszissenwert in mg PÄT.

Zur Aufstellung der Eichkurve werden 4, 8, 12, 16, 20 und 25 mg Eichsubstanz nach 3.1 hydrazinolysiert und die gemessenen Stufenhöhen in Abhängigkeit von den Einwaagen dargestellt.

Die Reproduzierbarkeitsmessungen wurden an einem Matrix-Fibrillen-Faden (Source-Faser) mit ca. 15% PÄT durchgeführt:

$\bar{x}_{10}$ = 15,4% PÄT,

s = ±0,2% PÄT,

v = ±1,3%.

Die Richtigkeit dieses Ergebnisses läßt sich aus dem Vergleich mit Ergebnissen anderer Methoden abschätzen:

1. stickstoffelementaranalytisch 16,4% PÄT,
2. gravimetrisch (Ameisensäure-Verfahren) 16,0% PÄT,
3. spektralphotometrisch 14,5% PÄT,
4. polarographisch 15,4% PÄT.

Nach dieser Fehlerbetrachtung gehört die beschriebene Analysenmethode in eine Reproduzierbarkeitsgruppe für Routine-Analysen [29], wenn sie zur Bestimmung des PÄT-Anteils eines binären (statistischen) Fasermaterials eingesetzt wird.

Frau *Christa Gentner* danken wir für die sorgfältig durchgeführten analytischen Arbeiten.

4. Literatur

[1] *Meißner, W.*, und *Berger, W.*: Zur Problematik der Herstellung von Chemiefaserstoffen aus Polymerlegierungen. Faserforsch. u. Textiltechnik **16** (1965) 8, S. 400–407.
[2] *Dietrich, K.*, und *Tolsdorf, S.*: Verbundwerkstoff-Fäden aus Schmelzedispersionen organischer Hochpolymerer. Faserforsch. u. Textiltechnik **21** (1970) 7, S. 295–304.
[3] *Dietrich, K.*, und *Reinisch, G.*: Verbundwerkstoff-Fäden aus Schmelzedispersionen von Polyäthylenterephthalat in Polycaproamid. Chem. Vlákna, Svit (Chem. Fasern) **21** (1971) 1, S. 34–39.
[4] *Berger, W.*, und *Mellentin, J.*: Modifizierung von Synthesefaserstoffen durch Polymermischungen. Faserforsch. u. Textiltechnik **21** (1970) 7, S. 288–294.
[5] *Philipp, B.*: Entwicklungslinien der Chemiefaserforschung im Rahmen der Polymerwissenschaft. Faserforsch. u. Textiltechnik **22** (1971) 3, S. 111–119.
[6] *v. Hornuff, G.*: Die Bedeutung der physikalisch-chemischen Analytik für die wissenschaftliche Durchdringung der Textilveredlung. Dt. Textiltechnik **20** (1970) 1, S. 43–46.
[7] *Kurzmann, P.*, *Tieste, A.*, und *Vehling, R.*: Vergleich pyrolytischer und naßchemischer Verfahren zur quantitativen Bestimmung von Ruß in Vulkanisaten und Kunststoffen. Kautschuk u. Gummi, Kunststoffe **23** (1970) 7, S. 322–325.
[8] *Kurashiki, H.*: Pyrolysis gaschromatography. Kagaku No Ryoiki (J. japan. Chem.) **18** (1964) 5, S. 399–406; ref. in: CA **63** (1965) 10, 12293 h.
[9] *Voigt, J.*: Über die gaschromatographische Identifizierung von Hochpolymeren. Teil I. II. III. Kunststoffe **51** (1961) S. 18–20, 314–317; **54** (1964) 1, S. 2–10.
[10] *Kirret, O.*, und *Küllik, E.*: Über die Identifizierung von Natur- und Chemiefaserstoffen durch gaschromatographische Methoden. Izv. Akad. Nauk Estonskoj SSR, Ser. fiz.-met. i techn. Nauk (Nachr. Akad. Wiss. estn. SSR, Serie phys.-math. techn. Wiss. (1964) **1**, S. 15–21; dt. in: Sowj. Beitr. Faserforsch. Textiltechnik **1** (1964) 3, S. 162–166.
[11] *Kirret, O.*, und *Küllik, E.*: Analyse der Polyurethan-Elastomeren mittels Pyrolysegaschromatographie. Z. ges. Textilind. **71** (1969) 3, S. 169–171.
[12] *Schwenker, R. F.*, und *Beck, J. R.*: Pyrolysegaschromatographische Untersuchung der Cellulose. J. Polymer Sci., C: Polymer Symposia **2** (1963) S. 331–340.
[13] *Mori, S.*, *Furasawa, M.*, und *Takeuchi, T.*: Die komplette gaschromatographische Analyse von Homo- und Copolymeren von Polyamid-Harzen. Analytic. Chem. **42** (1970) 1, S. 138–140.
[14] Analyse von Kunststoffen durch IR-Spektroskopie und Gaschromatographie. Kunststoffe **54** (1964) 12, S. 795 bis 796.
[15] *Lindley, G.*: Die Bestimmung von Polymeren mittels Heizdrahtpyrolyse und IR-Spektroskopie. Lab.-Praxis (England) 14–58 (1965) S. 826–831.
[16] *Voigt, H. G.*, und *Krüger, F. U.*: Über einen Reaktionsmechanismus der oxydativen Kettenspaltung der Polyisoprene. Kautschuk, Gummi, Kunststoffe **24** (1971) 8, S. 399–400.
[17] *Voigt, H. U.*, und *Krüger, F. U.*: Beiträge zur Aufklärung des oxydativen Abbaus von 1,5-Polyenen. Kautschuk, Gummi, Kunststoffe **25** (1972) 4, S. 133 bis 140.
[18] *Hummel, K.*, und *Dürr, A.*: Metathese an vernetztem Polybutadien als Grenzschicht-Reaktion. Kolloid-Z. u. Z. Polymere **244** (1971) 2, S. 337–340.
[19] *Ast, W.*, und *Hummel, K.*: Eine Methode zur Bestimmung von Doppelbindungsverschiebungen im Verlauf von C-C-Vernetzungs-Reaktionen. Kautschuk, Gummi, Kunststoffe **24** (1971) 5, S. 220.
[20] *Hummel, K.*, und *Imamoglu, Y.*: Einige Verbesserungen der gaschromatographischen Analyse vernetzter Polymerer nach Abbau durch Metathese. Kautschuk, Gummi, Kunststoffe **24** (1971) 8, S. 383–384.
[21] *Dinse, H.-D.*, und *Tuček, E.*: Gaschromatographische Bestimmung des Diäthylenglykolgehaltes in Polyäthylenterephthalat. Faserforsch. u. Textiltechnik **21** (1970) 5, S. 205–208.
[22] *Zimmermann, H.*, und *Becker, D.*: Zur Bestimmung von Methylestergruppen in Polyäthylenterephthalat. Faserforsch. u. Textiltechnik **22** (1971) 9, S. 458–462.
[23] *Koch, P.-A.*: Faserstoff-Tabellen. Polyesterfasern 1967.
[24] Ein Polyamid enthaltende Massen sowie daraus hergestellte Fäden und Garne. Allied Chemical Corp., New York, N.Y. (US) DOS 1494546 vom 31. 3. 1965. Int. Kl.: D 01f.
[25] *Bodo, G.*: Zur chemischen Aufklärung von Eiweißstrukturen. Fortschr. chem. Forsch. (Naturstoffe) **6** (1966) 1, S. 1–34.
[26] Farbenfabrik Bayer AG., Leverkusen: Reinigung von Polyamiden. GBP 835844 (1958).
[27] *Bär, H.-J.*, *Dautzenberg, H.*, und *Philipp, B.*: Beitrag zum Einfluß von Polymeren auf die Diffusionsstromstärke organischer Depolarisatoren. Z. physik. Chemie **239** (1968) 1/2, S. 84–103.
[28] *Püschel, R.*: Zum Problem der Genauigkeit chemischer Analysen. Mikrochim. Acta, Wien (1968) 4, S. 783–801.
[29] *Berger, W.*, und *Ewert, K.-H.*: Über das polarographische Verhalten einiger Derivate der Terephthal- und Isophthalsäure. Faserforsch. u. Textiltechnik **23** (1972) 12, S. 507–511.

Eingegangen am 14. Mai 1973

Zur Umesterung von Dimethylterephthalat mit Äthylenglykol

Kiril Dimov, Ekaterina Terlemesjan und Peter Petrov

Höheres Chemisch-technologisches Institut, Sofia/VR Bulgarien

DK 547.584'261:547.422.22:542.951.1:541.127.1:541.128.1:678.674'524'420

Die Konzentration verschiedener Produkte der Umesterungsreaktion des Dimethylterephthalats mit Äthylenglykol in Abhängigkeit von der Reaktionstemperatur, der Konzentration des Katalysators und dem Verhältnis der Reaktanten wurde untersucht, wobei man sich der statistischen Versuchsplanung bediente. Die erhaltenen Ergebnisse sind als Gleichungen zweiter Ordnung dargestellt

О переэтерификации диметилтерефталата етиленгликолом

Исследована зависимость концентрации от времени проведения реакции ряда продуктов процесса переэтерификации диметилтерефталата етиленгликолом в зависимости от температурой реакции, концентрация катализатора и от количественного соотношения начальных продуктов реакции при помощи метода планированного эксперимента. Полученные результаты представленные в виде уравнении второго порядка.

On the transesterification of dimethylterephthalate with ethylene glycol

Time-conversion course for a series of reaction products during the transesterification of dimethylterephthalate with ethylene glycol was investigated at different reaction temperatures and concentrations of catalysts and initial reagents by the method of planned experiment. The results obtained are represented as square equations.

1. Einleitung

Die Umesterung von Dimethylterephthalat (DMT) mit Äthylenglykol (ÄG) ist ein Teil des Prozesses zur Gewinnung von Polyäthylenterephthalat (PÄT). Die industrielle Realisierung und die Optimierung dieses Prozesses erfordern die Kenntnis der kinetischen Abhängigkeiten der zahlreichen Reaktionen, aus denen er resultiert. Die Umesterungsreaktion ist das Ergebnis verschiedener chemischer Haupt- und Nebenreaktionen, wobei sowohl Parallel- als auch Folgereaktionen ablaufen.

Allgemeiner Nachteil der bisherigen kinetischen Untersuchungen zur Umesterung sind die vereinfachten Annahmen zum Mechanismus der Reaktion. Dabei wurde nicht nur die kinetische Auswertung vereinfacht, sondern auch die experimentelle Bearbeitung in nicht zulässiger Weise durchgeführt. Ein Teil der Autoren [1, 2] berücksichtigte nur den Verlauf der Hauptreaktion

$$H_3COOC_6H_4COOCH_3 + 2\ HOCH_2CH_2OH$$
$$= HOCH_2CH_2OOCC_6H_4COOCH_2CH_2OH + 2\ CH_3OH$$

durch Messung des aus dem System abdestillierenden Methanols. Da die Volumenänderung durch das abdestillierende Methanol nicht in Rechnung gestellt wurde, sind die erhaltenen kinetischen Konstanten fehlerhaft. Außerdem ist es nicht richtig, das Destillat als reines Methanol anzusehen; der Dampfdruck von ÄG, DMT und insbesondere den niederflüchtigen Derivaten dieser Stoffe, die durch Nebenreaktionen gebildet werden können, darf nicht vernachlässigt werden, speziell bei den hohen Reaktionstemperaturen.

In [4] erfolgt die Bearbeitung der Versuchsdaten mittels einer Korrektur, die der Veränderung des Reaktionsvolumens mit der Zeit Rechnung trägt; allerdings wird nur die angeführte Reaktion als Quelle für das im Prozeßverlauf erhaltene Methanol angesehen, was aber der Wirklichkeit nicht entspricht. In einer der neueren Publikationen [3] wurde festgestellt, daß Methanol auch bei den Reaktionen:

$$H_3CCOOC_6H_4COOCH_2CH_2OH + H_3COOCC_6H_4COOCH_3$$
$$= CH_3OH + H_3COOCC_6H_4COOCH_2CH_2CH_2OOCC_6H_4COOCH_3$$

abgeschieden wird, was nicht genügend erscheint, da letzte Reaktion nicht die einzige von diesem Typ ist.

Andererseits endet bei der industriellen Umesterung der Prozeß in den Reaktoren nicht mit dem Abdestillieren des Methanols. Im letzten Drittel der Reaktionszeit in der Industrie enthält das Destillat ÄG als bestimmende Komponente. Es bildet sich durch schon ablaufende Polykondensationsvorgänge [7]. Dies bedeutet, daß die nur aus der abgespaltenen Methanolmenge abgeleiteten kinetischen Gesetzmäßigkeiten zur Berechnung technischer Reaktoren nicht ausreichen.

Die vorliegende Abhandlung hat zum Ziel, den Einfluß einer Reihe von Reaktionsvariablen — Verhältnis DMT/ÄG, Katalysatorkonzentration, Reaktionstemperatur und Reaktionszeit — auf den Reaktionsverlauf im ganzen für die Praxis interessanten Variierungsintervall zu ermitteln.

Für diesen Zweck ist es erforderlich die Änderung der Konzentration, wenn nicht aller, so doch einer Reihe von Ausgangs-, Zwischen- und Endprodukten mit der Zeit zu verfolgen. Deshalb wurden als den Prozeßverlauf charakterisierende Parameter (Zustandparameter) die DMT-Konzentration, die Konzentration des Methyläthylolterephthalats (MÄT) und des Diäthylolterephthalats (DÄT) sowie die Gesamtkonzentration der Oligomeren benutzt.

Die Versuche wurden nach dem Faktoren-Rotatabilplan [5] durchgeführt, was die Ermittlung quantitativer Abhängigkeit der obenerwähnten Zustandsparameter von den Steuerparametern als Polynome zweiter Ordnung ermöglichten.

2. Experimenteller Teil

Die Umesterung von DMT mit ÄG wurde im geschlossenen System in der in Bild 1 schematisch dargestellten Apparatur durchgeführt.

Die erforderliche konstante Reaktionstemperatur wurde automatisch mit Hilfe eines Elektroheizgeräts (*2*) mit Kontaktthermometer (*10*) und Relais (*12*) sowie mittels Kühlgehäuse mit fließendem Wasser (*1*), das durch ein elektromagnetisches Ventil geregelt wird, erhalten. Heiz- und Kühlleitung wurden so gewählt, daß eine minimale Abweichung von der geregelten Temperatur (± 2 grd) erreicht wurde.

Die erforderliche DMT-Menge wurde im Reaktionsgefäß unter Stickstoff aufgeschmolzen. Nach Erreichen der erforderlichen Reaktionstemperatur und nach deren Stabilisierung gab man die entsprechende Menge von ÄG mit dem vorher darin gelösten Katalysator Calciumacetat zu. Als

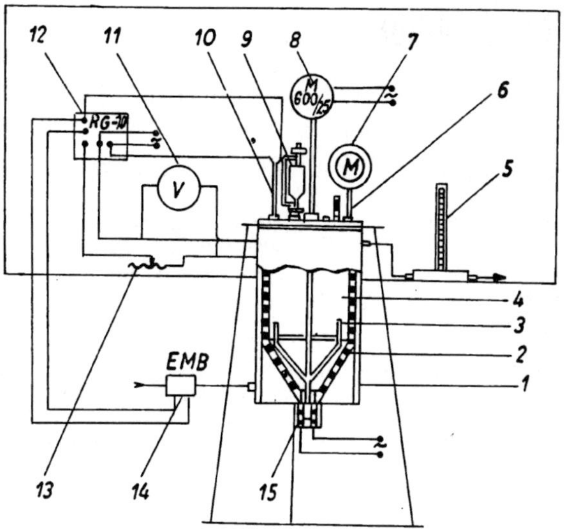

Bild 1. Autoklav zur Durchführung der Umesterung
1. Gehäuse für das Kühlwasser; 2. Heizgerät; 3. Rührer; 4. Autoklavkörper; 5. Rotameter; 6. Schutzventil; 7. Manometer; 8. Elektromotor; 9. Gefäß für Zugabe des Katalysators; 10. Kontaktthermometer; 11. Voltmeter; 12. Relais; 13. Autotransformator; 14. Elektromagnetisches Ventil; 15. Ventil zum Ablassen des Umesterungsproduktes

Reaktionsbeginn wurde der Moment des ÄG-Auslaufs aus dem Autoklaven gewählt. Von jeder Probe des Umesterungsproduktes, erhalten nach unterschiedlichen Reaktionszeiten, wurde der Gehalt an DMT, MÄT, DÄT und des Oligomerenrückstandes durch fraktionierte Vakuumdestillation und Sublimation bestimmt.

3. *Versuchsergebnisse und Diskussion*

Die Versuche wurden nach einem drehbaren, zentralsymmetrisch zusammengesetzten Vierfaktorenplan zweiter Ordnung durchgeführt. Es wurde der Einfluß folgender Faktoren auf die Geschwindigkeit der Umesterung untersucht x_1: Reaktionstemperatur (°C); x_2: Zeitdauer der Reaktion (h); x_3: Molverhältnis zwischen DMT und ÄG (kgmol/kgmol); x_4: Katalysatorkonzentration (kg/kg). Die Versuchsergebnisse lieferten Informationen für den y_1-DMT-Gehalt, y_2-MÄT-Gehalt, y_3-DÄT-Gehalt, y_4- für die Gesamtkonzentration der Oligomeren in Masseprozenten gegenüber dem Gesamtvolumen obiger Stoffe, die den nichtflüchtigen Teil des Umesterungsproduktes darstellen.

Die Änderungsbereiche der unabhängigen Faktoren sind nach technologischen Erwägungen gewählt, und

Tabelle 1. Grundniveau, Variierungsintervalle und Grenzen der untersuchten Bereiche

	x_1 °C	x_2 h	x_3 $\frac{\text{kgmol}}{\text{kgmol}}$	x_4 $\frac{\text{kg}}{\text{kg}} \cdot 10^{-2}$
x^0	195,2	3,0	2,150	5,50
x	23,8	1,5	0,175	2,25
−1	168,7	1,5	1,975	3,25
+1	216,2	4,5	2,325	7,75
−2	145,0	0	1,800	1,00
+2	240,0	6,0	2,500	10,00

Tabelle 2. Die Matrix des geplanten Versuches

Nr.	x_1	x_2	x_3	x^3	y_1%	y_2%	y_3%	x^4%
1	−1	−1	−1	−1	55	38	6	1
2	+1	−1	−1	−1	34	17	30	19
3	−1	+1	−1	−1	46	34	12	8
4	+1	+1	−1	−1	21	22	31	26
5	−1	−1	+1	−1	88	10	1	1
6	+1	−1	+1	−1	52	36	10	2
7	−1	+1	+1	−1	67	18	11	4
8	+1	+1	+1	−1	15	23	34	28
9	−1	−1	−1	+1	71	24	4	1
10	+1	−1	−1	+1	41	38	17	4
11	−1	+1	−1	+1	36	47	12	5
12	+1	+1	−1	+1	19	17	32	32
13	−1	−1	+1	+1	53	30	14	3
14	+1	−1	+1	+1	43	38	14	5
15	−1	+1	+1	+1	37	35	18	10
16	+1	+1	+1	+1	18	29	26	27
17	−2	0	0	0	13	12	33	45
18	+2	0	0	0	86	12	1	1
19	0	−2	0	0	26	20	43	11
20	0	+2	0	0	100	0	0	0
21	0	0	−2	0	42	33	15	10
22	0	0	+2	0	48	39	9	4
23	0	0	0	−2	67	27	5	1
24	0	0	0	+2	28	18	43	11
25	0	0	0	0	61	27	11	1
26	0	0	0	0	44	29	14	13
27	0	0	0	0	34	32	23	11
28	0	0	0	0	53	25	13	9
29	0	0	0	0	48	36	12	4
30	0	0	0	0	45	33	17	5
31	0	0	0	0	44	40	8	8

zwar x_1 in den Grenzen 145 bis 240 °C, x_2 in den Grenzen 0 bis 6 h, x_3 in den Grenzen 1,8 bis 2,5 kgmol/kgmol, x_4 in den Grenzen 0,01 bis 0,1 kg/kg. Das Grundniveau, die Variierungsintervalle und die Grenzen der untersichten Bereiche sind in Tabelle 1 dargestellt.

Die Matrix des geplanten Versuchs ist in Tabelle 2 angegeben.

Nach Entfernen der vernachlässigbaren Koeffizienten, für die man ein geringeres t-Verhältnis gegenüber dem Tabellenkriterium von *Student* erhält, werden folgende Regressionsgleichungen aufgestellt:

$$y_1 = 47{,}125 - 14{,}845 x_1 - 18{,}594 x_2 - 5{,}755 x_4, \qquad (1)$$

$$y_2 = 31{,}384 - 4{,}382 x_1 x_2 + 5{,}183 x_1 x_3 - 3{,}468 x_1^2 - 3{,}968 x_2^2 + 2{,}541 x_3^2, \qquad (2)$$

$$y_3 = 14{,}046 + 7{,}506 x_1 + 6{,}922 x_2 + 3{,}253 x_4 + 2{,}276 x_4^2, \qquad (3)$$

$$y_4 = 7{,}035 + 8{,}257 x_1 + 5{,}254 x_2^2 + 3{,}881 x_1 x_2 + 4{,}065\, x_1^2. \qquad (4)$$

Die Überprüfung der Gleichungen nach dem Kriterium von *Fischer* zeigte, daß diese den Versuch adäquat beschreiben. Die erhaltenen Gleichungen gestatten die graphische Darstellung der wesentlichen Konzentrationsabhängigkeiten von der Zeit. Die errechneten und aufgestellten Kurven sind in den Bildern 2 und 3 wiedergegeben.

Die Konzentrationsänderung der untersuchten Stoffe mit der Zeit ist in einer vorangehenden Arbeit von uns [7] ausführlich dargestellt worden. Bei Betrachtung

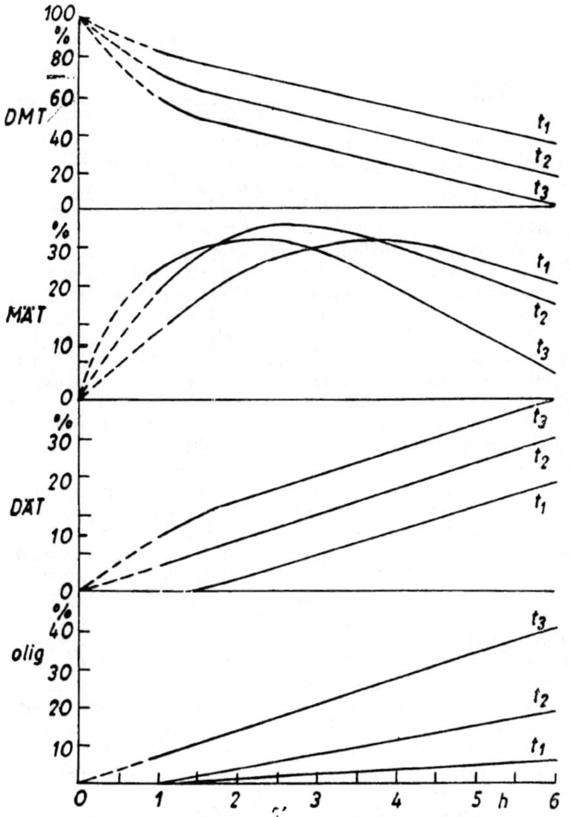

Bild 2. Einfluß der Temperatur auf die Änderung des Gehalts an DMT, MÄT, DÄT und Oligomeren mit der Zeit: t_1 — 168,7 °C; t_2 — 192,5 °C; t_3 — 216,2 °C. x_3 = const., x_4 = const.

von Bild 2 wird der starke Einfluß der Reaktionstemperatur auf die Änderung der Konzentration sämtlicher von uns untersuchter Produkte wahrgenommen. Die höheren Temperaturen bewirken eine Erhöhung der Geschwindigkeit der sich bildenden gewünschten Reaktionsprodukte — des DÄT und der Oligomeren. Bei sonst gleichen anderen Bedingungen (Anfangsverhältnis zwischen DMT und AG sowie konstante Katalysatorkonzentration) sind höhere Reaktionstemperaturen (oberhalb 200 °C) besonders geeignet für eine intensive Oligomerisation.

Aus Bild 3 ist zu entnehmen, daß der Einfluß der Katalysatorkonzentration in den untersuchten Grenzen nicht so stark ausgeprägt ist. Aus den Gleichungen (2) und (4) ist ersichtlich, daß der Temperaturwechsel keinen Einfluß auf die Geschwindigkeit der MÄT- und der Oligomerenbildung ausübt. Letztere Tatsache ist eine Bestätigung dafür, daß das Calciumacetat eine niedrige katalytische Aktivität in bezug auf die Polykondensation besitzt.

Unbedeutend ist der Einfluß des anfänglichen Verhältnisses DMT/ÄG auf die Geschwindigkeit der Umesterung (der Faktor x_3 tritt nur in Gleichung (2) auf). Dies ist wahrscheinlich auf den Umstand zurückzuführen, daß sich während der Oligomerisationsreaktionen ÄG abspaltet.

Die dargestellten Polynome bieten die Möglichkeit zur Bestimmung der Geschwindigkeit der Konzen-

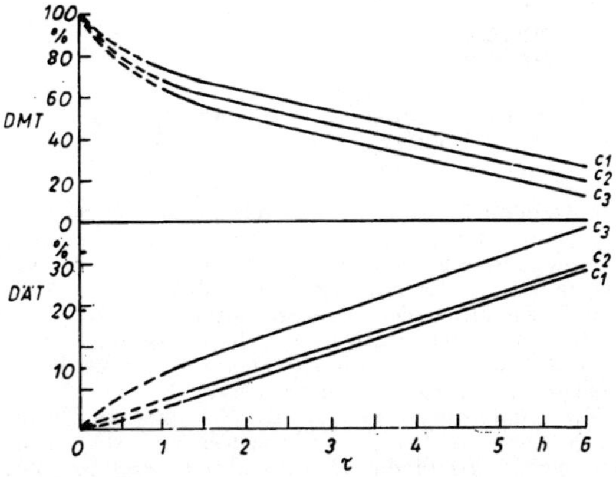

Bild 3. Einfluß der Katalysatorkonzentration auf die Änderung des Gehalts an DMT, MÄT, DÄT und Oligomeren mit der Zeit: c_1 — $3{,}25 \cdot 10^{-2}$ kg/kg; c_2 — $5{,}50 \cdot 10^{-2}$ kg/kg; c_3 — $7{,}75 \cdot 10^{-2}$ kg/kg DMMT $t\,x_1$ = const.

trationsänderung der von uns untersuchten Produkte. Sie können als Basis für die Ermittlung der kinetischen Parameter der chemischen Reaktionen dienen.

Schlußfolgerungen

Unter Anwendung der statistischen Versuchsplanung wurden bei der kinetischen Untersuchung der Umesterung von DMT mit ÄG Ergebnisse erzielt und quantitativ erfaßt. Diese Ergebnisse gestatten die Gewinnung einer Vorstellung über die Abhängigkeit Konzentration/Zeit von Produkten des Umesterungsprozesses in Verbindung mit der Reaktionstemperatur, der Katalysatorkonzentration und dem Verhältnis der Ausgangsreagentien. Diese Ergebnisse können zur Präzisierung der Kinetik der zahlreichen im komplizierten Mechanismus des Prozesses beteiligten Reaktionen dienen.

Literatur

[1] *Griehl, W.* und *Schnock, G.*: Zur Katalyse der Polyesterbildung durch Esteraustausch. Faserforsch. u. Textiltechnik **8** (1957) 10, S. 408—416.

[2] *Michail, R.*, *Istratoin, L.*, *Lupu, Al.*, und *Georgescu, E.*: Despre reatia de transesterificare a dimetil-terephthalatului en etilenglicol. Studie si cercetari him. **6** (1958) 1, S. 161.

[3] *Fontana, C.*: Polycondensation equilibrium and the kinetics of the catalysed transesterification in the formation of polyethylene terephthalate. J. Polymer Sci., A-1: Polymer Chem. **6** (1968) 8, S. 2343—2358.

[4] *Peebless, L.*, und *Wagner, W.*: The kinetic analysis of a distilling system and its application to preliminary date and the transesterification of dimethyl terephthalate by ethylene glycol. J. physic. Chem. **63** (9159) S. 1206.

[5] *Kapharov, W. W.*: Kybernetische Methoden in der Chemie und den chemischen Technologien. Ausg. „Chemie" 1971.

[6] *Challa, G.*: Ester interchange equilibria from dimethyl terephthalate and ethylene glycol. Receuil Trav. chim. **79** (1960) S. 90.

[7] *Dimov, K.*, *Terlemesjan, E.*, *Groseva, A.*, und *Hubavii, S.*: Über die katalytische Wirkung des Calciumacetats und des Gemisches Mangan-Natriumacetat bei Umesterung von Dimethylterephthalat (DMT) mit Äthylenglykol (ÄG). Angew. makromol. Chemie **28** (1973) 1, S. 1—11.

Eingegangen am 28. März 1973

Neue Bücher

Handbuch der Textilwaren. Von einem *Autorenkollektiv.* Band 1 und 2. Leipzig: Fachbuchverlag 1972. 1077 S. Geb. M 56,—.

Das Handbuch versucht, das sehr vielseitige Sortiment von Textilien für Kleidung und für den Haushalt möglichst erschöpfend darzustellen. In erster Linie ist es als Nachschlagewerk für die Mitarbeiter im Binnen- und Außenhandel bestimmt. Es ist zweckentsprechend auf zwei Bände aufgeteilt. Der erste Band umfaßt 5, der zweite 6 Hauptabschnitte. Jeder Band ist in sich abgeschlossen mit Inhaltsübersicht und Sachwortverzeichnis.

In der Einführung wird ein Überblick über die Struktur der Textil- und Bekleidungsindustrie und die textilen Grundformen, die Produktionsstufen und Arten von Textilien gegeben.

Im ersten Band befassen sich die Hauptabschnitte mit dem Bedürfnis nach und dem Bedarf an Textilien, mit den textilen Faserstoffen, der Fadenbildung und den verschiedenen Arten von Fäden, dem Weben und schließlich mit der Veredlung von Textilien. Im zweiten Band werden die Gewebe, das Stricken und Wirken und die Maschentextilien behandelt, die Textilverbundstoffe, die Herstellung von Kleidung, die Warenprüfung und -pflege.

Zwar wird im Vorwort betont, daß die textilen Technologien und ihre Besonderheiten nur so weit behandelt werden, wie es zum Verständnis der Gebrauchseigenschaften von Textilien erforderlich erscheint; tatsächlich wird aber eine Fülle von Fakten aus der gesamten, so überaus vielseitigen Textil- und Bekleidungsindustrie geboten, die dieses Handbuch auch für die Weiterbildung der Beschäftigten in der Textil- und Bekleidungsindustrie als geeignet erscheinen lassen.

Hervorzuheben sind die gleichartige Behandlung der einzelnen Faserstoffarten, die anschaulichen Abbildungen, die vielen Tabellen und nicht zuletzt die zweckentsprechend ausgewählten Literaturhinweise.

Einiges bleibt allerdings noch zu wünschen übrig:

Zum Texsystem im Abschn. 2 sollten die Feinheitsreihen und auch die Umwandlungstabellen von Nm bzw. den in tex gebracht werden, für die Faserstoffarten die Kurzzeichen und die Richtlinien für die Kennzeichnung von Fasermischungen, die Schreibweise der Faserstoffangaben und eine Übersicht der Chemiefaserstoffe mit den wichtigsten Arten und allen Warenzeichen (einschl. z. B. REGAN). Gerade diese Angaben sind für die Mitarbeiter im Handel von großer Bedeutung. Von den Mineralfaserstoffen ist nur Asbest den Naturfaserstoffen zuzuordnen, nicht Glasfaserstoffe etc. Die Sekundärrohstoffe (z. B. Reißfasern) verdienen mehr Beachtung. Die Tex-Feinheiten sind an erster Stelle zu verwenden. Das Texturieren und die Texturfäden sollten ihrer Bedeutung entsprechend intensiver behandelt sein. Das Weben und Veredeln von Textilien wird sehr ausführlich behandelt, auch bis Redaktionsschluß bekannt gewordene neue Entwicklungen sind offensichtlich berücksichtigt worden. Bei den Geweben werden die Neuentwicklungen, besonders solche mit Chemiefaserstoffen und ihre Handelsnamen herausgestellt, dabei aber auch die hauptsächlichen bzw. Grundtypen der Gewebearten behandelt. Bei den Maschentextilien werden das jeweilige Prinzip anschaulich dargestellt und daraus folgend die Grundbindungen und die danach hergestellten Textilien mit ihren Eigenschaften. Bei der Textilveredlung nimmt das Färben einen großen Raum ein, danach die Verfahren der Hochveredlung und, kürzer gehalten, die wichtigsten Appreturverfahren.

Im Band 2 werden die flächenförmigen Textilien — Gewebe, Maschentextilien, Textilverbundstoffe — behandelt, die Grundgruppen beschrieben, ihre textile Konstruktion, hauptsächlich Eigenschaften und Verwendungszwecke bzw. -gebiete, bei den Maschentextilien auch noch die Grundbindungen und Bindungsbilder, die Einteilungsprinzipien der Arten und Maschinen und die Konfektion von Maschentextilien.

Bei den Textilverbundstoffen steht natürlich die Malitechnik mit ihren vielen Technologien im Vordergrund; auch die anderen Prinzipien werden so behandelt, daß ein Gesamtbild der neuartigen Textilien vermittelt wird.

Der Abschnitt 4, Konfektion von Textilien, beschränkt sich auf das Notwendigste. Im Abschnitt 5, Prüfung von Textilien, werden die für die Warenlagerung und das Gebrauchsverhalten der Textilien wichtigsten Prüfverfahren ausreichend besprochen. Der letzte, der 6. Abschnitt, ist der Pflege der Textilien und ihrer Verkaufsaufmachung gewidmet.

Beide Bände schließen jeweils mit einem Sachwortverzeichnis ab. Für ein Nachschlagewerk sind die beiden Sachwortverzeichnisse mit insgesamt 7 Seiten recht knapp gehalten.

Auf den über 1000 Seiten wird eine mit großem Fleiß zusammengetragene Fülle von Fakten geboten, die in ihrer Summe und Abgrenzung fast schon einer „Textil-Enzyklopädie" nahekommt, nur eben nicht lexikalisch wie in einer solchen. Darauf aber sollte es ankommen. Das menschliche Wissen nimmt, das ist heute eine allgemein anerkannte Tatsache, in immer schneller werdendem Tempo zu, das textile Wissen fast noch schneller. Man sollte sich ernstlich Gedanken machen, wie künftig solche „Handbücher" am zweckmäßigsten zu gestalten wären. Die nächste Ausgabe, die sicherlich vor 1980 erforderlich sein wird, kommt wahrscheinlich nicht mehr mit drei Bänden aus, damit wird das Optimum überschritten. Ein Ausweg bietet sich an: Eine Art von „Wissensspeicher" für Textilien mit zweckmäßig ausgewählten bibliographischen Daten zur systematischen Vertiefung der Kenntnisse. Das Ziel, das erforderliche textile Wissen für einen weitgefaßten Nutzerkreis in ein Handbuch zu bringen, ist zwar mit dem vorliegenden „Handbuch der Textilwaren" noch einmal gelungen, die nächste Ausgabe aber muß den dann zu bewältigenden Wissensstoff in einer noch nutzerfreundlicheren Form bringen, als das in der vorliegenden Ausgabe erreicht wird.

Das Handbuch ist, damit soll die im Vorwort zum Ausdruck gebrachte Absicht der Autoren und des Verlages voll bestätigt werden, tatsächlich ein umfassendes Nachschlagewerk für die Mitarbeiter sowohl im Handel als auch in der Textil- und Bekleidungsindustrie. Als Standardwerk der Textilwarenkunde ist es allen Interessenten zu empfehlen.

K. Meyer

DECHEMA-Monographien Band 67, Teil 1 u. Teil 2. Meß- und Regelungstechnik, Rechentechnik. Hgg. von *Dieter Behrens* und *Kurt Fischbeck.* Weinheim/Bergstr.: Verlag Chemie 1971, 774 S. (1 + 2). Lwd.

Der 67. Band der DECHEMA-Monographien berichtet über die 16. Ausstellungstagung für die chemische Apparatetechnik, die anläßlich der ACHEMA 1970 durchgeführt wurde. In 42 Vorträgen und Diskussionsbeiträgen wird zu Fragen der Meß- und Regelungstechnik sowie zum Einsatz der elektronischen Rechentechnik im chemischen Apparatebau Stellung genommen. Ziel dieser Veröffentlichung ist es, den Stand, den Trend und die neuesten Entwicklungstendenzen auf diesem Gebiet darzustellen.

In den Vorträgen, z. B. von

Th. J. Williams, Lafayette/USA, über den Stand und die Zukunft von „lernenden" Regelsystemen, von

V. G. Gundelach, Frankfurt/Main, über Entwicklungsmöglichkeiten in der analytischen Meßtechnik, sowie von

J. L. Dwyer, Bedford/USA, über Teilchenmessungen mit Hilfe von Computern, und von

H. Gelbe, Essen, und *O. J. Brill*, Frankfurt/Main, über Rohrleitungsplanung und -bau mittels des Computereinsatzes,

wird ein guter Überblick über diese Einsatzgebiete von EDV-Anlagen gegeben und die mögliche Verwendung dieser Systeme zur Steuerung, Erfassung und Verarbeitung von Meßdaten sowie zur Konzipierung neuer Anlagen gezeigt. Aber auch die Probleme, die sich mit dem Einsatz von Prozeßrechnern ergeben, werden in allen Beiträgen berücksichtigt.

Aus den Vorträgen ist zu entnehmen, daß die EDV schon heute in der Lage ist, preisgünstig kostspielige manuelle

Nikolaj Vasil'evič Michajlov †

Am 14. April 1973 starb nach kurzer schwerer Krankheit im 68. Lebensjahr Professor Dr. *Nikolaj Vasil'evič Michajlov*, den Lesern unserer Zeitschrift aus zahlreichen Veröffentlichungen auf dem Gebiet der Faserstoffforschung sowie von Besuchen und Vorträgen in der DDR her gut bekannt.

Nach Beendigung seines Studiums begann *N. V. Michajlov* unter der Leitung von Prof. *Kargin* und Prof. *Peskov* mit Untersuchungen zur Kolloidchemie der Cellulose seine wissenschaftliche Laufbahn. Auf Grund seiner Ausbildung hat er den physikochemischen Aspekten während seiner gesamten wissenschaftlichen Tätigkeit stets den ersten Platz eingeräumt. Nach röntgenographischen Strukturuntersuchungen an Cellulose widmete er sich den Relaxationserscheinungen beim Reckprozeß. Seine Habilitationsschrift „Theoretische Berechnung der maximalen Festigkeit von Cellulosefaserstoffen" (1945/46) ist auch heute noch von Bedeutung. Die folgenden zwei Jahrzehnte waren thermodynamischen und Strukturuntersuchungen an Cellulose- und synthetischen Faserstoffen, vor allem aus Polyamiden und Polyestern, gewidmet. Ein Ziel seiner sehr breit angelegten Untersuchungen war die theoretisch tiefe Durchdringung der Struktur/Eigenschafts-Beziehungen von Polymeren. In gleichem Maße hatte er jedoch stets auch die praktischen Aspekte seiner Arbeiten im Auge.

Gerade diese Praxisbezogenheit kommt in seinen etwa 1966 begonnenen Untersuchungen über wäßrige Polymerdispersionen, insbesondere der übermolekularen Struktur der Polymerteilchen, im Hinblick auf ihre Verarbeitbarkeit zu Fäden und Folien zum Ausdruck. *N. V. Michajlov* und Mitarbeitern gelang erstmalig der Nachweis, daß unter bestimmten Bedingungen in den Kolloidteilchen derartiger Dispersionen die gleichen übermolekularen Strukturelemente vorliegen wie in Fäden oder Folien aus den gleichen Polymeren.

Charakteristisch für die Arbeiten *N. V. Michajlov*'s ist die Eigenständigkeit der theoretischen Vorstellungen sowie die gleichzeitige Anwendung mehrerer physikalischer bzw. physikochemischer Verfahren bei den Untersuchungen. Insgesamt entstammen über 200 wissenschaftliche Veröffentlichungen und zahlreiche Patentanmeldungen seiner Feder. Fast seine gesamte wissenschaftliche Tätigkeit war mit dem Unions-Kunstfaserforschungsinstitut (VNIIV) in Mytišči bei Moskau verbunden. Seit 1932 bis zu seinem Tode leitete er dessen physikochemische Abteilung, mehrere Jahre lenkte er die Geschicke des Instituts als Direktor. Daneben leitete *N. V. Michajlov* lange Jahre den Lehrstuhl für physikalische und Kolloidchemie an der Moskauer Textilhochschule. Ferner übte er lange Zeit die Funktion des Wissenschaftlichen Sekretärs des Rates für hochmolekulare Verbindungen der AdW der UdSSR aus und war Redaktionsmitglied mehrerer wissenschaftlicher Zeitschriften. Seine wissenschaftlichen und wissenschaftsorganisatorischen Leistungen wurden durch Verleihung des Staatspreises, des Ordens der Oktoberrevolution und anderer hoher Auszeichnungen gewürdigt.

Den Herausgebern und vielen Lesern unserer Zeitschrift wird *N. V. Michajlov* als Mensch und Forscher stets in guter Erinnerung bleiben.

Neue Bücher (Fortsetzung)

Regelsysteme zu ersetzen und Optimierungsprozesse in der Industrie zu steuern. In den Kurzbeiträgen dieser Tagung wurde von Mitarbeitern Regelsysteme produzierender Firmen auf spezielle Beispiele zur Automatisierung in der chemischen Industrie eingegangen.

Aus allen Beiträgen geht aber auch hervor, daß vollautomatisch arbeitende Labors und Anlagen nicht ohne die aktive Mitarbeit des Menschens funktionieren können.

Der vorliegende Band gibt allen Interessenten einen guten Einblick in die Problematik des Einsatzes der EDV-Technik im chemischen Apparatebau und ist daher lesenswert.

E. Schulz

Electron Micoscropy in Material Science Hgg. von *U. Valdre*. New York/London: Academic Press 1971. XXIII, 759 S. Lwd. $ 39,50.

Zu einer internationalen Frühlingsschule über Fragen der Anwendung der Elektronenmikroskopie trafen sich 1970 in Erice/Sizilien führende Wissenschaftler aus 17 Ländern. Die bei dieser Zusammenkunft gehaltenen Hauptvorträge sind nun nach zwei Jahren im vorliegenden Band veröffentlicht worden. Damit wird den Nichtteilnehmern die Möglichkeit gegeben, sich über die in Erice behandelten Fragen der Elektronenmikroskopie zu informieren. Der Herausgeber hat mit dieser Veröffentlichung einen neuen Weg gezeigt, der in Zukunft, speziell für die Hauptvorträge internationaler Tagungen, beibehalten werden sollte, da diese Lektionen in keinem Preprint erscheinen und daher nur Tagungsteilnehmer für die fachliche Arbeit notwendige Anregungen geben können.

Obwohl sich das vorliegende Buch hauptsächlich mit Anwendungen aus der Festkörperphysik beschäftigt, ist eine Vielzahl von Vorträgen für alle Elektronenmikroskopiker wertvoll, weil am Beispiel der Materialforschung an allen elektronenmikroskopischen Untersuchungen auftretende Fragen behandelt werden.

Zu drei Themenkomplexen wurde auf dieser Zusammenkunft referiert:

1. Elektronenoptik und Instrumententechnik,
2. Beugungskontrast und Anwendungen,
3. Übertragung der Bildinformation und Phasenkontrast.

Neben rein theoretischen Vorlesungen zu den aufgezählten Komplexen sollten vornehmlich die Vorträge von

Castaing über sekundäre Ionenmikroanalyse, von
Crewe über Elektronenquellen hoher Intensität, von
Valdre über Spezialobjekttische, von
Makin über Strahlenschäden sowie von
van Dorsten über Kontrastphänomene amorpher und makromolekularer Objekte

für die Anwender dieser Untersuchungsmethode interessant und anregend sein, denn hierin wird über Probleme berichtet, die auf allen Fachgebieten Anregungen und Verwendung finden können. Die ausführliche Veröffentlichung dieser Vorträge mit Literaturverzeichnis gibt weiterhin die Möglichkeit, sich in der Originalliteratur über spezielle Fragen näher zu informieren.

E. Schulz

Infrakrasnye Spektry i Struktura Uglevodov (Ultrarot-Spektren und Struktur von Kohlenhydraten). Von *R. G. Šbankov*. Minsk: Nauka i Technika 1972. 456 S. Lwd. 2 Rb., 52 K.

Das Werk ist eine wesentliche Erweiterung des von demselben Autor verfaßten Buches „Ultrarotspektren der Cellulose und ihrer Derivate", Minsk 1964. Neu hinzugekommen ist vor allem ein umfangreiches Kapitel über strukturanalytische Untersuchungen von Kohlenhydraten mittels der Ultrarotspektroskopie. Die Abschnitte über Cellulose wurden auf den neuesten Literaturstand gebracht.

Im Kapitel 1 werden spezielle Präparationsmethoden, die bei der Registrierung von Kohlenhydrat-Spektren wichtig sind, vorgestellt. Kapitel 2 und 3 beschäftigen sich mit der Spektrenanalyse von Mono-, Di- und Polysacchariden. Charakteristische Spektrenausschnitte werden in zahlreichen Abbildungen dargestellt und Bandenzuordnungen vorgenommen. Der Konfiguration und Konformation der Kohlenhydrate wird dabei besondere Beachtung geschenkt. Technisch bedeutsame Cellulose-Derivate, wie z. B. Celluloseester und Pfropf-Copolymere aus Cellulose, werden im Kapitel 4 behandelt. Die ultrarotspektroskopische Analyse der Reaktionsprodukte wird dargestellt, wobei auch eine quantitative Bestimmung berücksichtigt wird. Am Ende des Kapitels werden die Spektren von Dextrinen diskutiert. Das Kapitel 5 behandelt spezielle strukturanalytische Probleme, die ultrarotspektroskopisch gelöst werden können.

Breiten Raum nimmt die Darstellung von Methoden zur quantitativen Konformationsanalyse der Kohlenhydrate ein. Weiterhin werden bei erhöhten Temperaturen registrierte Cellulose-Spektren analysiert und Rückschlüsse auf Strukturveränderungen vorgenommen. Die Ultrarotspektren alkalischer Cellulose werden ebenfalls aufgeführt. In Form von Anlagen ist dem Band ein umfangreiches Tabellenwerk über die Zuordnung von Gruppenfrequenzen zu den funktionellen Gruppen der Kohlenhydrate beigefügt.

Das Buch kann als eine übersichtliche Darstellung über ultrarotspektroskopische Strukturuntersuchungen an Kohlenhydraten angesehen werden. Es ist für Wissenschaftler, die sich besonders mit Strukturproblemen der Cellulose beschäftigen, von großem Nutzen. *R. Danz*

The Raman Effect in two Volumes. Vol 1: Principles. Hgg. von *A. Anderson*. New York: Marcel Dekker 1971. IX, 404 S. $ 29,75.

Die Entdeckung der Laserstrahlen und die Entwicklung leistungsfähiger Lasergeräte hat einen großen Einfluß auf die wissenschaftliche Anwendung des Raman-Effektes ausgeübt. Insbesondere hat die Einführung von Gaslasern in die Raman-Spektroskopie eine starke Entwicklung bei Raman-spektroskopischen Untersuchungen polymerer Substanzen hervorgerufen. Die Verwendung von Gaslasern ermöglichte es nicht nur, gut auswertbare Spektren von Polymeren zu erhalten, sondern brachte auch auf Grund der guten Polarisationseigenschaften des Laserlichtes bedeutende Vorteile bei Strukturuntersuchungen. In diesem Zusammenhang ist zu bemerken, daß mit Hilfe der Laser-Raman-Spektroskopie die Registrierung von Raman-Spektren polymerer Fäden keine Schwierigkeiten mehr bereitet. Der Einsatz von leistungsfähigen Impulslasern führte zu neuen Raman-Effekten, von denen besonders dem stimulierten Raman-Effekt eine große Bedeutung zukommt.

Der erste Band des Werkes ist allgemeinen Prinzipien des Raman-Effektes gewidmet. Das Buch ist in sechs Kapitel gegliedert, die von fünf Autoren verschiedener Länder verfaßt wurden. Kapitel 1 (*R. S. Krishnan*, Indien) ist eine historische Einführung in den Raman-Effekt. Die Darstellung beginnt mit der Entdeckung des Raman-Effektes durch *C. V. Raman* und *Mandelstam* und endet mit den im letzten Jahrzehnt entdeckten neuen Raman-Effekten. Der Inhalt ist übersichtlich dargestellt und mit großem Interesse zu lesen.

Das 2. Kapitel (*G. W. Chantry*, Großbritannien) beschäftigt sich mit der Polarisierbarkeitstheorie des Raman-Effektes. Zunächst werden die klassische und quantentheoretische Theorie der Raman-Streuung behandelt. Große Beachtung werden der Theorie von *Placzek* und der Polarisierbarkeitstheorie von *Wolkenstein* geschenkt. Das Kapitel wird mit dem Resonanz-Raman-Effekt abgeschlossen. *R. A. Cowley*, Kanada, berichtet im Kapitel 3 über die Theorie der Raman-Streuung von Kristallen. Der Ein- und Zwei-Phononen-Raman-Effekt wird theoretisch und experimentell behandelt, wobei auch anharmonische Wechselwirkungen berücksichtigt werden. Die Normalschwingungen der Kristalle werden durch Anwendung der Gruppentheorie klassifiziert und an Hand von Beispielen die Auswahlregeln erläutert. Die Gerätetechnik der Raman-Spektroskopie ist Gegenstand des 4. Kapitels (*C. E. Hathaway*, USA). Es werden die verschiedenen Lichtquellen, Monochromatoren und Empfänger gegenübergestellt und die Meßtechnik dargelegt. Die Bedeutung der Laser-Lichtquelle wird begründet und diskutiert. *P. Lallemand*, Frankreich, gibt im 5. Kapitel eine Einführung in die Theorie und das Experiment des stimulierten Raman-Effektes. Der stimulierte Raman-Effekt wird theoretisch analysiert, und die wichtigsten Anordnungen zur Messung des Effektes werden aufgeführt. Probleme der Selbstfokusierung und Phasenanpassung werden ebenfalls berücksichtigt. Wissenschaftlich-technische Anwendungen des stimulierten Raman-Effektes beschließen das Kapitel. Das letzte Kapitel, das wie das 1. Kapitel von *R. S. Krishnan* verfaßt wurde, ist der *Brillouin*-Streuung gewidmet. Neben theoretischen Untersuchungen wird über experimentelle Studien an Gasen, Flüssigkeiten und Festkörpern berichtet.

Der erste Band des von *A. Anderson* herausgegebenen zweibändigen Werkes über den Raman-Effekt kann als eine Darstellung angesehen werden, die dem neuesten Entwicklungsstand auf dem Gebiet des Raman-Effektes Rechnung trägt. Das empfehlenswerte Buch ist gut ausgestattet; hervorzuheben ist auch die gute Übereinstimmung der von verschiedenen Autoren verfaßten Artikel. Auf eine Reihe von Druckfehlern muß am Ende der Rezension aufmerksam gemacht werden:

S. 281, Zitat 1; S. 18, letzte Zeile; S. 42 und 46 mehrere Literaturzitate. *R. Danz*

Die Chemie der Cellulose. Von *Z. A. Rogovin*. Moskau: Verlag Chimija 1972. 519 S. Klwd. 3 Rbl. 81 Kop.

In vielen Bereichen der Volkswirtschaft, wie Textilindustrie und Papierindustrie als den wichtigsten, spielt die Cellulose als Rohstoff auch heute noch eine große Rolle.

Obwohl es zunächst den Anschein hatte, als ob die synthetischen Faserstoffe die Cellulosefaserstoffe immer schneller verdrängen würden, hat die jüngste Vergangenheit gezeigt, daß dies bei weitem nicht zutrifft. Einige Eigenschaften der Cellulosematerialien sind nach wie vor unübertroffen, andere könnten durch entsprechend gelenkte Modifizierung so verändert und damit verbessert werden, daß sie einen optimalen Einsatz der Cellulosematerialien ermöglichen.

Es ist das Hauptanliegen des sehr übersichtlich und klar geschriebenen Buches aus der Feder des bekannten Cellulosechemikers *Z. A. Rogovin*, Professor an der Moskauer Textilhochschule, neben der klassischen Betrachtungsweise insbesondere die vielfältigen neuen Richtungen und Möglichkeiten zusammenfassend darzustellen.

Auf 75 Seiten werden im 1. Kapitel der molekulare und der übermolekulare Aufbau der Cellulose abgehandelt, wobei neben Fragen der Bestimmung der relativen Molekülmasse und der Polymolekularität vor allem die Struktur der Cellulose im Lichte der neuesten Erkenntnisse diskutiert werden.

Im 2. Kapitel wird kurz auf die Biosynthese der Cellulose eingegangen. Betrachtet werden insbesondere die wichtigsten Celluloserohstoffe, nämlich die Baumwolle und das Holz. Einige Angaben über tierische und Bakteriencellulose schließen diesen Abschnitt ab.

In der gleichen knappen Darstellung wird im nächsten Kapitel die Einwirkung von Alkalimetallen, anorganischen und organischen Basen sowie von Komplexverbindungen mehrwertiger Metalle auf die Cellulose behandelt. Dem Abbau sowie der Oxydation der Cellulose sind die Kapitel 4 und 5 gewidmet. In ihnen kommen bereits die auch technisch bedeutsamen neueren Erfordernisse zum Ausdruck. So werden neben der Hydrolyse auch thermischer, mechanischer und photochemischer Abbau sowie Abbau durch ionisierende Strahlung und Fermente betrachtet.

In der zweiten Hälfte des Buches werden eingehend die

Celluloseester und -äther sowie die Gewinnung neuer Cellulosederivate durch Einführung der verschiedensten funktionellen Gruppen, Doppelbindungen usw. mit Hilfe von Verfahren der nucleophilen und elektrophilen Substitution beschrieben. Als letztes Kapitel schließt sich in diesem Teil die Gewinnung von Pfropfpolymeren der Cellulose an.

Selbstverständlich nehmen die technisch bedeutsamen klassischen Celluloseester und -äther einen breiten Raum ein, aber auch die in letzter Zeit immer mehr an Interesse gewinnenden Ester mit bisher kaum für die Cellulose-veresterung benutzten Säuren und verschiedene gemischte Ester sowie wasserlösliche Äther werden gebührend behandelt. Die Modifizierung der Celluloseeigenschaften, die gerade für die Faserforschung und Textiltechnik von erheblicher Bedeutung ist, wird im Zusammenhang mit der Pfropfung der verschiedensten Monomeren auf die Cellulose relativ ausführlich beschrieben.

Allen auf dem Gebiet der Celluloseforschung Tätigen sowie den Praktikern aus der Chemiefaser- und Textilindustrie, die neue Anregungen erhalten wollen, kann das Werk nur wärmstens empfohlen werden. Darüber hinaus gewährt es auch Studenten und Aspiranten wertvolle Unterstützung.

Ein Mangel des Buches darf hier nicht verschwiegen werden. Die Literatur ist im allgemeinen nur bis etwa 1968, in Einzelfällen bis 1970, berücksichtigt. Leider hat auch die sonstige Sorgfalt anscheinend nicht mehr für die immer richtige Bibliographie ausländischer Autoren gereicht.

Die Möglichkeit einer Übersetzung ins Deutsche sollte geprüft werden, da ein entsprechendes neueres Werk im deutschsprachigen Raum fehlt. *R. Wittwer*

Patentschau

Auszug aus der Lieferung 5/6/1973 der Patentschau „Faserstoffe und Textiltechnik", Ausgabe A: Faserstoffe einschl. Kunststoffe und organ. Grundsubstanzen, zusammengestellt von der Abteilung Information und Dokumentation des Instituts für Polymerenchemie der AdW der DDR, 153 Teltow-Seehof, Kantstr. 55

Die Patentschau ist nach der Internationalen Patentklassifikation (IPC) gegliedert. Es bedeuten: DLP = DDR-Patent; DTP = Deutsches Bundespatent; DTA = (West)Deutsche Auslegeschrift; DTO = (West)Deutsche Offenlegungsschrift; OEP = Oesterreichisches Patent; POP = Polnisches Patent; CHP = Schweizer Patent; FRP = Französisches Patent; GBP = Britisches Patent; JAP = Japanisches Patent; SWP = Schwedisches Patent; SUP = Sowjetisches Patent; CSP = Tschechoslowakisches Patent; USP = Amerikanisches Patent; A = Anmeldedatum, O bzw. B = Tag der Ausgabe der Patent-, Offenlegungs- bzw. Auslegeschrift.

Sektion B. Arbeitsverfahren

B 65 Fördern, Packen, Lagern; Handhaben dünner oder fadenförmiger Werkstoffe

B 65h. Behandeln von dünnen oder fadenförmigem Gut, z. B. Folien, Gewebe Kabel

SUP 355090 (Urheberschein). Vorrichtung zur axialen Abwicklung von fadenförmigem Material. Erf.: *V. K. Kireev.* A. 22. 10. 70, B. 16. 10. 72. Int. Kl.: B 65h 49/02, 59/36. A.-Z.: 1485622/28 – 12.

SUP 357138 (Urheberschein). Spulenhalter. Erf.: *I. A. Višnjak* u. *V. P. Evstifejkin.* Anm.: Taškentskoe special'noe konstruktorskoe Bjuro tekstil'nych Mašin. A. 10. 3. 71, B. 31. 10. 72. Int. Kl.: B 65h 54/54, 49/36. A.-Z.: 1626212/28 – 12.

SUP 356229 (Urheberschein). Vorrichtung zur Spulenablage in die Kästen von Schußspulautomaten. Erf.: *V. V. Starodubec, V. A. Belov* u. *Ju. A. Morozov.* Anm.: Chersonskij Ordena Lenina chlopčatobumažnyj Kombinat. A. 16. 2. 70, B. 23. 10. 72. Int. Kl.: B 65h 67/04. A.-Z.: 1404548/28 – 12.

Sektion C. Chemie und Metallurgie

CHEMIE

C 01 Anorganische Chemie

C 01b. Nicht-metallische Elemente, Metalloide und ihre Verbindungen, außer den unter C 01c aufgeführten

JAP 7207523. Auf Kohlenstoftfaserstoffen basierende Ionenaustauscher. Erf.: *Kiyoshi Yamaki* u. *Soji Kiyama.* Inh.: Kureha Chemical Industry Co. Ltd. A. 3. 9. 66, B. 3. 3. 72. Int. Kl.: B 01j, C 01b. A.-Z.: 6658334.

C 03 Glas; Mineral- und Schlackenwolle

C 03b. Herstellung, Formgebung und Nachbehandlungsverfahren

DTA 1796319. Verfahren zur Beeinflussung der für die Weiterverarbeitung der Fäden erforderlichen Eigenschaften von mit einer Schlichte versehenen Glasfäden und Vorrichtung zur Durchführung des Verfahrens. Erf.: *Hans Joachim Finken, Liselotte de Jong, Wolfgang Leeker* u. *Bernhard Sturm.* Anm.: Saint-Gobain, Neuilly-sur-Seine (FR). A. 8. 7. 68, B. 2. 11. 72. Kl.: 32a, 37/10, Int. Kl.: C 03b 37/10. A.-Z.: P 1796319 (ausgesch. aus Anm. m. A.-Z.: P 1760836, DTO 1760836).

SUP 355792 (Urheberschein). Glasschmelzgefäß. Inh.: *Werner Hugo Wilhelm Schuller* (DT). A. 18. 7. 66, B. 16. 10. 72. Int. Kl.: C 03b 37/00. A.-Z.: 1091280/29 – 33.

C 03c, Chemische Zusammensetzung von Gläsern, Glasuren oder Emails; Oberflächenbehandlung von Glas; Verbinden von Glas mit Glas oder anderen Stoffen

USP 3684470. Verfahren zum Behandeln von Glasfasern. Erf. u. Inh.: *Alfred Marzocchi,* 35 Thomas Leighton Blvd., Cumberland, R. I. A. 8. 6. 70, B. 15. 8. 72. Kl.: 65-3, Int. Kl.: C 03c 25/02. 12 Anspr. A.-Z.: 44299.

C 07 Organische Chemie

C 07c. Acyclische und carbocyclische Verbindungen

USP 3691226. Mittel gegen die Verunreinigungbei der Acrylnitrilherstellung. Erf.: *David O. Halvorson* u. *Sterling N. Vines.* Inh.: E. I. du Pont de Nemours & Co., Wilmington, Del. A. 12. 11. 70, B. 12. 9. 72. Kl.: 260-46,9, Int. Kl.: C 07c 121/32. 11 Anspr. A.-Z.: 88991.

C 07d. Heterocyclische Verbindungen

USP 3679706. Polymerisationsinhibitor für ε-Caprolactone. Erf.: *Hubert H. Thigpen* u. *Charles C. Hobbs.* Inh.: Celanese Corp., Corpus Christi, Tex. A. 6. 4. 70, B. 25. 7. 72. Kl.: 260-343, Int. Kl.: C 07d 9/00. 8 Anspr. A.-Z.: 26049.

DLP 93163. Verfahren zur Herstellung von Lactamen. Erf. u. Inh.: *Stefan Gööck, Klaus Kirschke* u. *Dieter Timm.* A. 8. 9. 71, B. 12. 10. 72. Kl.: 12p, 5, Int. Kl.: C 07d 41/06. A.-Z.: WP C 07d/157604.

DTO 2222158. Abscheidung von Lactam aus einem konzentrierte Schwefelsäure bzw. Schwefelsäure und Schwefeltrioxid enthaltendem Medium. Erf.: *Abraham de Rooij.* Anm.: Stamicarbon N. V., Heerlen (NL). A. 5. 5. 72, B. 16. 11. 72. Kl.: 12p, 5, Int. Kl.: C 07d 41/00. A.-Z.: P 2222158. Prior.: 7. 5. 71 (NL; A.-Z.: 7106340).

JAP 7210715. ε-Caprolactam. Erf.: *Yasuo Ishimoto, Haruo Togawa, Sumio Nakabachi, Hideo Matsui, Noritsugu Saiki, Ikuzo Tanaka, Hideo Uehara* u. *Masayuki Yamagata.* Inh:. Teijin Ltd. A. 26. 8. 68, B. 30. 3. 72. Int. Kl.: C 07d, B 01i. A.-Z.: 6861350.

C 08 Makromolekulare Verbindungen; ihre Herstellung und chemische Verarbeitung; auf diesen Verbindungen beruhende Gemische

C 08b. Polysaccharide und deren Derivate

GBP 1296845. Fasermaterialien für die Verwendung bei der Herstellung von Strahlenschutzgewebe. Inh. Institut Obschei i Neorganicheskoi Khimii Akademii Nauk BSSR. A. 4. 11. 69, B. 22. 11. 72. Kl.: C3 A, Int. Kl.: C 08b 3/12, 5/00, 15/02, G 21f 1/10, C 08f 25/00, 27/04. A.-Z.: 53908/69.

GBP 1296853. Verfahren zur Herstellung von wäßrigen Lösungen von Celluloseäthern. Inh.: Imperial Chemical Industries Ltd. A. 31. 1. 69, B. 22. 11. 72. Kl.: C3 A, Int. Kl.: C 08b 21/24, 27/26. A.-Z.: 5338/69.

C 08f, Polymerisationsprodukte

OEP 304867. Verfahren zur Herstellung von neuen Katalysatoren für die Polymerisation von Olefinen. Erf.: *Paolo Galli, Ermanno Susa* u. *Giovanni Di Drusco.* Inh.: Montecatini Edison S.p.A., Mailand (IT). A. 9. 1. 70, B. 15. 5. 72. Kl.: 39b, 12, Int. Kl.: C 08f 1/28. A.-Z.: A 168/70. Prior.: 10. 1. 69 (IT; A.-Z.: 11360 A/69). Entspr. DLP 83023, FRP 2028106 u. GBP 1291552.

CHP 530426. Verfahren zur Herstellung eines Polymerisationskatalysators. Erf.: *André Delbouille* u. *Jean Louis Derroitte.* Inh.: Solvay & Cie, Soc. An., Rue de Prince Albert 33, Brüssel (BE). A. 6. 9. 71. Int. Kl.: C 08f 1/42. A.-Z.: 13055/71. Prior.: 6. 10. 70 (LU; A.-Z.: 61816). Entspr. DTO 2146685 u. FRP 2109881.

CHP 532087. Verfahren zur Herstellung eines Polymerisationskatalysators. Erf.: *Luigi Reginato, Charles Bienfait* u. *Jacques Stevens.* Inh.: Solvay & Cie. Soc. An., Rue de Prince Albert 33, Brüssel (BE). A. 6. 9. 71. Int. Kl.: C 08f 1/42. A.-Z:. 13054/71. Prior.: 8. 10. 70 (LU; A-Z.: 61838). Entspr. DLP 92122, DTO 2 146686 u. FRP 2109880.

CHP 532088. Verfahren zur Herstellung eines Polymerisationskatalysators. Erf.: *André Delbouille* u. *Jean-Louis Derroitte.* Inh.: Solvay & Cie. Soc. An., Rue du Prince Albert 33, Brüssel (BE). A. 10. 9. 71, Int. Kl.: C 08f 1/42, 3/06. A.-Z.: 13349/71. Prior.: 23. 10. 70 (LU; A.-Z.: 61917). Entspr. DLP 92125, DTO 2146688 u. FRP 2111472.

GBP 1299862. Katalytische Polymerisation von Olefinen. Inh.: Shell Internationale Research Maatschappij N. V. A. 16. 12. 69, B. 13. 12. 72. Kl.: C3 P, Int. Kl.: C 08f 1/56, C 01g 23/02. A.-Z.: 3956/69. Entspr. DTO 2001549, DTO 2003075, FRP 2028976 u. FRP 2028977.

GBP 1299863 (ausgesch. aus Pat. 1299862). Katalytische Polymerisation von Olefinen. Inh.: Shell Internationale Research Maatschappij N. V. A. 16. 12. 69, B. 13. 12. 72. Kl.: G2 A, Int. Kl.: C 08f 1/56. A.-Z.: 61213/69.

JAP 7214447. Katalysatoren zur Polymerisation von Propylen. Erf.: *Isamu Yamazaki, Yoichi Tooyama, Ichiro Hagino* u. *Kiwamu Hirota.* Inh.: Showa Denko K. K. A. 5. 8. 69, B. 28. 4. 72. Int. Kl.: C 08f, B 01j. A.-Z.: 6961415. Entspr. FRP 2021195 u. GBP 1277497.

JAP 7214449. Katalysatoren zur Polymerisation olefinischer Kohlenwasserstoffe. Erf.: *Isamu Yamazaki, Yoichi Tooyama, Kiwamu Hirota* u. *Tatto Takeuchi.* Inh.: Showa Denko K. K. A. 5. 8. 69, B. 28. 4. 72. Int. Kl.: C 08f, B 01j. A.-Z.: 6961417.

USP 3679652. Katalysator zur Polymerisation von Olefinen und Polymerisationsverfahren. Erf.: *Artur William Anderson* u. *William Lawrence Truett.* Inh.: E. I. du Pont de Nemours & Co., Wilmington, Del. A. 15. 5. 56, B. 25. 7. 72. Kl.: 260-94,9 B, Int. Kl.: C 08f 1/38, 3/06. 3 Anspr. A.-Z.: 584887. Entspr. DTO 1420661.

DTO 2220298. Verfahren zum Polymerisieren von 4-Methylenpenten-1. Erf.: *Bernard Cornelis Roest* u. *Emanuel Maria Josef Pijpers.* Anm.: Stamicorbon N. V., Heerlen (NL). A. 25. 4. 72, B. 9. 11. 72. Kl.: 39b4, 3/02, Int. Kl. C 08f 3/02. A.-Z.: P 2220298. Prior.: 28. 4. 71 (NL; A.-Z.: 7105746).

JAP 7213369. Kontinuierliche Herstellung von Methylmethacrylatvorpolymeren. Erf.: *Akira Matsuura* u. *Takuji Shinpo*. Inh.: Mitsubishi Chemical Industries Co. Ltd. A. 14. 8. 67, B. 22. 4. 72. Int. Kl.: C 08f, B 01j. A.-Z.: 6751805.

JAP 7210054. Polymerisation von Styrol in wäßriger Emulsion. Erf.: *Katsura Yokoyama, Asaro Sei*, u. *Takeo Fujikura*. Inh.: Mitsubishi Petrochemical Co. Ltd. A. 13. 9. 68, B. 5. 3. 72. Int. Kl.: C 08f, B 01f. A.-Z.: 6865944.

USP 3684761. Anionische Dispersionspolymerisation von Styrolmonomeren. Erf.: *Guido B. Stampa*. Inh.: Union Carbide Corp. A. 30. 8. 68, B. 15. 8. 72. Kl.: 260-33,2 R, Int. Kl.: C 08f 7/04, 45/34. 2 Anspr. A.-Z.: 756372. Entspr. DTO 1943266.

DTO 1795634. Hochmolekulare Polymerprodukte. Erf. *Giulio Natta, Gino DallAsta, Giorgio Mazzanti, Alberto Valvassori* u. *Adolfo Zambelli*. Anm.: Montecatini Edison S.p.A. Mailand (IT). A. 20. 3. 62, B. 10. 10. 72. Kl.: 39b4, 15/04, Int. Kl.: C 08f 15/04. A.-Z.: P 1795634. Prior.: 21. 3. 61 (IT; A.-Z.: 5222/61). Vgl. auch DTO 1520249. Entspr. CHP 431085 u. USP 3250755.

SUP 355184 (Urheberschein). Verfahren zur Herstellung von Copolymeren. Erf.: *S. T. Baškatova, V. I. Klejner, V. I. Ožerel'ev, L. L. Stockaja* u. 1 weiterer. Anm.: Institut neftechimičeskogo Sinteza AN SSSR. A. 9. 3. 70, B. 16. 10. 72. Int. Kl.: C 08f 15/02. A.-Z.: 1415973/23–5.

USP 3679643. Copolymere des Acrylnitrils mit stickstoffhaltigen Monomeren und Verfahren zu deren Herstellung. Erf.: *Giulio Natta, Ferdinando Danusso* u. *Paolo Ferruti*. Inh.: Montecatini Edison S.p.A., Mailand (IT). A. 13. 2. 69, B. 25. 7. 72. Kl.: 260-85,5 R, Int. Kl.: C 08f 15/22. 5 Anspr. A.-Z.: 798949. Prior.: 16. 2. 68 (IT; A.-Z.: 12832 (68).

USP 3689469. Copolymere des Vinylalkohols und Methylmethacrylats und deren Verwendung. Erf.: *Harold Kirkwood Inskip* u. *Robert Leonard Adelman*. Inh.: E. I. du Pont de Nemours & Co., Wilmington, Del. A. 15. 7. 69, B. 5. 9. 72. Kl.: 260-86,1, Int. Kl.: C 08f 15/26. 3 Anspr. A.-Z.: 842020. Entspr. DTO 2035115.

DLP 93244. Verfahren zur Herstellung von modifizierten Olefinpolymeren. Erf.: *Sebastiano Cesca, Sergio Arrighetti, Arnaldo Reggero* u. *Giuseppe Ghetti*. Anm.: Snam Progetti S.p.A. (IT). A. 7. 5. 71, B. 12. 10. 72. Kl.: 39 b 4, 17/00, Int. Kl.: C 08f 17/00. A.-Z.: AP C 08f/154943. Prior.: 3. 9. 70 (IT; A.-Z.: 29294 A/70). Entspr. DTO 2118578.

DTO 1795636. Hochmolekulare Copolymerisate. Erf.: *Giulio Natta, Gino DallAsta, Giorgio Mazzanti, Alberto Valvassori* u. *Adolfo Zambelli*. Anm.: Montecatini Edison S.p.A., Mailand (IT). A. 21. 5. 63, B. 9. 11. 72. Kl.: 39b 4, 17/00, Int. Kl.: C 08f 17/00. A.-Z.: P 1795636 (Zus. z. Anm. m. A.-Z.: P 1520303; ausgesch. aus Anm. m. A.-Z.: P 1520303). Prior.: 23. 5. 62 (IT; A.-Z.: 10314/62). Vgl. auch DTO 1520303. Entspr. FRP 1357379 u. GBP 979329.

DTO 2217212. Verfahren zu der Herstellung von alpha-Methylstyrol enthaltenden Blockmischpolymerisaten. Erf.: *Bernard Cornelis Roest* u. *Herman Augustinus Johannes Schepers*. Anm.: Stamicarbon N. V., Heerlen (NL). A. 10. 4. 72, B. 2. 11. 72. Kl.: 39b4, 19/02, Int. Kl.: C 08f 19/02. A.-Z.: P 2217212. Prior.: 14. 4. 71 (NL; A.-Z.: 7104949).

JAP 7113366. Phosphorhaltige Vinylpolymere. Erf.: *Isao Shinohara* u. *Hidetoshi Tsuchida*. Inh.: Scientific Research Institute for Production Development. A. 30. 3. 66, B. 22. 4. 72. Int. Kl.: C 08f, C 07c. A.-Z.: 6619763.

SUP 353940 (Urheberschein). Verfahren zur Herstellung von Polymermaterialien. Erf.: *K. F. Sumenkov, E. P. Bešenova, N. N. Trofimov, I. N. Razinskaja* u. 3 weitere. A. 8. 6. 70, B. 9. 10. 72. Int. Kl.: C 08f 25/00, 3/68. A.-Z.: 1447020/23–5.

USP 3679646. Herstellung von Polyvinylalkohol mit verbesserter Eigenfarbe durch Behandlung des Polyvinylesters mit einem Alkaliborhydrid. Erf.: *John E. Bristol*. Inh.: E. I. du Pont de Nemours & Co., Wilmington, Del. A. 5. 8. 70, B. 25. 7. 72. Kl.: 260-91,3 PV, Int. Kl.: C 08f 27/16. 5 Anspr. A.-Z.: 61464.

CHP 532095. Thermoplastische polymere Massen auf der Basis von hochkristallinen Vinylchloridpolymeren. Erf.: *Luciano Scarso, Egido Cerri u. Giovanni Pezzin*. Inh.: Montecatini Edison S.p.A., 31, Foro Buonaparte, Mailand (IT). A. 22. 5. 69. Int. Kl.: C 08f 29/24, 37/18. A.-Z.: 7822/69. Prior.: 22. 5. 68 (IT; A.-Z.: 16792 A/68). Entspr. OEP 301875, FRP 2011501 u. GBP 1254041.

SUP 353941 (Urheberschein). Polymermischung. Erf.: *Ju. M. Busygina, L. A. Michamedova, V. F. Slivaeva, G. T. Fedoseeva* u. 3 weitere. A. 10. 9. 70, B. 9. 10. 72. Int. Kl.: C 08f 29/18, 45/58. A.-Z.: 1476876/23–5.

USP 3691127. Feuerhemmende Vinylchloridcopolymerlatices. Erf.: *Paul Kraft* u. *Robert H. Brunner*. Inh.: Stauffer Chemical Co., New York, N. Y. A. 10. 9. 70, B. 12. 9. 72. Kl.: 260-29,6 T, Int. Kl.: C 08f 29/18, 45/24, C 09d 3/74. 10 Anspr. A.-Z.: 71231.

OEP 305641. Verfahren zur Herstellung eines stabilisierten Polymers. Inh.: Koninklijke Industrieele Maatschappij Noury & van der Lande N. V., Deventer (NL). A. 27. 8. 70, B. 15. 6. 72. Kl.: 39b, 24, Int. Kl.: C 08f 45/60. A.-Z.: A 6946/71. Prior.: 28. 8. 69 (NL; A.-Z.: 6913138). Entspr. DTO 2055421.

OEP 305642. Polymer-Zusammensetzung. Inh.: Koninklijke Industrieele Maatschappij Noury & van der Lande N.V., Deventer (NL). A. 10. 7. 70, B. 15. 6. 72. Kl.: 39b, 24, Int. Kl.: C 08f 45/60. A.-Z.: A 7259/71. Prior.: 24. 7. 69 (NL; A.-Z.: 6911367). Entspr. FRP 2055392 u. GBP 1275831.

C 08g. Polykondensations- und Polyadditionsprodukte

DTO 1770823. Thermoplastische Formmassen aus Blockpolyestern. Erf.: *Helmut Fröhlich* u. *Ludwig Brinkmann*. Anm.: Farbwerke Hoechst AG vorm. Meister Lucius & Brüning, 6000 Frankfurt (DT). A. 9. 7. 68, B. 10. 10. 72. Kl.: 39b 5, 17/14, Int. Kl.: C 08g 17/14. A.-Z.: P 1770823. Entspr. OEP 295150, FRP 2012585 u. USP 3663653.

CHP 530431. Verfahren zur Herstellung von Lactonpolymerisaten. Erf.: *Franciscus Johannes Fredericus van der Plas* u. *Willem Marius Wagner*. Inh.: Shell Internationale Research Maatschappij N. V., Carel van Bylandtlaan 30, Den Haag (NL). A. 22. 1. 70. Int. Kl.: C 08g 17/017. A.-Z.: 882/70. Prior.: 24. 1. 69 (NL; A.-Z.: 6901177). Entspr. DTO 2002846, FRP 2029042 u. GBP 1249793.

JAP 7207902. Hochmolekulare Polyester. Erf.: *Tamemaru Ezaki*. Inh.: Kuraray Co. Ltd. A. 25. 12. 67, B. 6. 3. 72. Int. Kl.: C 08g, B 01j, H 05b. A.-Z.: 6783454.

USP 3684768. Wärmebeständige Polyester mit verbesserter Anfärbbarkeit. Erf. u. Inh.: *Henry L. King*, 919 Washington St.; *Eugene L. Ringwald*, 1021 Warren Ave., Cary, N. C. u. *James C. Randall*, 1307 Hampden Square, Bartlesville, Okla. A. 17. 7. 70, B. 15. 8. 72. Kl.: 260-75 R, Int. Kl.: C 08g 17/08. 6 Anspr. A.-Z.: 55872.

GBP 1298502. Anionische katalytische Polymerisation von Lactamen. Inh.: Stamicarbon N. V. A. 20. 9. 71, B. 6. 12. 72. Kl.: C3 R, Int. Kl.: C 08g 20/18. A.-Z.: 43743/71. Prior.: 23. 9. 70 (NL; A.-Z.: 7014022). Entspr. DTO 2147365.

JAP 7211502. Copolyamide mit guter elastischer Rückerholung. Erf.: *Yasuo Taneda, Narihiro Horie* u. *Tsuichi Tsutada*. Inh.: Teijin Ltd. A. 8. 8. 68, B. 11. 4. 72. Int. Kl.: C 08g, D 01f. A.-Z.: 6856256.

DTO 2121252. Urethangruppenhaltige, durch Vinylpolymerisation vernetzte Polymere. Erf.: *Hans-Jürgen Rosenkranz, Hans Rudolph, Erich Wolff* u. *Harald von Rintelen*. Anm.: Farbenfabriken Bayer AG, 5090 Leverkusen (DT). A. 30. 4. 71, B. 9. 11. 72. Kl.: 39b 5, 22/04, Int. Kl.: C 08g 22/04. A.-Z.: P 2121252.

SUP 357205 (Urheberschein). Verfahren zur Herstellung schwefelhaltiger Polyurethane. Erf.: *S. A. Suchorukova, A. P. Grekov, T. E. Bezmenova* u. *Ju. N. Usenko*. Anm.: Institut Chimii vysokomolekuljarnych Soedinenij AN Ukrainskoj SSR. A. 6. 7. 70, B. 31. 10. 72. Int. Kl.: C 08g 22/04. A.-Z.: 1457073/23–5.

USP 3679631. Hochhärtbares Polyurethan (Spandex) aus einem Polyäther- oder Polyesterprepolymeren und einem 2wertigen Phenol und Verfahren zu dessen Herstellung. Erf.: *Nathan Mayes*. Inh.: Globe Manufacturing Co., Fall River, Mass. A. 8. 2. 71, B. 25. 7. 72. Kl.: 260-47 CB, Int. Kl.: C 08g 22/10, 22/14. 16 Anspr. A.-Z.: 113609. Entspr. DTO 1469053 u. GBP 1006673.

DTO 2115800. Verfahren zur Darstellung von Poly-N-acyl-arylen-bis-amidrazonen. Erf.: *Paul Janßen* u. *Klaus Dieter Steffen*. Anm.: Dynamit Nobel AG, 5210 Troisdorf (DT). A. 1. 4. 71, B. 12. 10. 72. Kl.: 39b 5, 33/02, Int. Kl.: C 08g 33/02. A.-Z.: P 2115800.

GBP 1300384. Anionisch hergestellte polymere Materialien. Inh.: Defence, Secretary of State for. A. 2. 3. 70, B. 20. 12. 72. Kl.: C3 R, Int. Kl.: C 08g 33/00. A.-Z.: 56725/68.

GBP 1296373. Polykondensation. Inh.: Imperial Chemical Industries Ltd. A. 19. 2. 70, B. 15. 11. 72. Kl.: C3.R, Int. Kl.: C 08g 35/00, 17/003, 20/02, B 01d 19/00. A.-Z.: 11140/69. Entspr. DTO 2009965.

DLP 93032. Verfahren zum Mattieren oder auch Aufrauhen von Polyurethanoberflächen und Hydrophilieren von Polyurethanen. Erf. u. Anm.: *Udo Rotermund* u. *Erika Nowatzki*. A. 19. 11. 71, B. 5. 10. 72. Kl.: 39b 5, 41/00, Int. Kl.: C 08g 41/00. A.-Z.: WP C 08g/159040.

SUP 355190 (Urheberschein). Verfahren zum Stabilisieren von Polyäthylenterephthalat. Erf.: *V. N. Tamazina, O. N. Dolgov, V. S. Kravcov, N. G. Mal'ceva* u. 2 weitere. Anm.: Kurskij politechničeskij Institut. A. 4. 12. 70, B. 16. 10. 72. Int. Kl.: C 08g 17/04, 15/58. A.-Z.: 1496894/23–5.

USP 3691131. Stabilisierte Polyamidkompositionen. Erf.: *Peter Klemchuk*. Inh.: Ciba-Geigy Corp., Ardsley, N. Y. A. 1. 2. 71, B. 12. 9. 72. Kl.: 260-45,75 C, Int. Kl.: C 08g 51/56, 51/60, 51/62. 16 Anspr. A.-Z.: 111672. Entspr. DTO 2204495 u. FRP 2124338.

CHP 532102. Verfahren und Vorrichtung zur Behandlung des Polymeren in einem hochviskosen Medium. Erf.: *Angelo Grillo*. Inh.: Snia Viscosa Società Nazionale Industria Applicazioni Viscosa, 18 Via Montebello, Mailand (IT). A. 29. 4. 69. Int. Kl.: C 08j 1/00. A.-Z.: 6534/69. Prior.: 8. 6. 68 (IT; A.-Z.: 17511 A/68).

C 08k. Zusatzstoffe für allgemeine Anwendung

JAP 7141094. Kompositionen aus synthetischen Polymeren mit verbesserter Farbstoffaffinität. Erf.: *Shinichi Ishida* u. *Hiromichi Fukuda*. Inh. Asahi Chemical Industry Co. Ltd. A. 11. 6. 68, B. 4. 12. 71. Int. Kl.: C 08k, f, g. A.-Z.: 6839627.

Sektion D. Textilien und Papier

TEXTILIEN

D 01 Natürliche oder künstliche Fäden oder Fasern; Spinnen

D 01b. Mechanische Behandlung von natürlichen faserigen oder fadenförmigen Stoffen zur Gewinnung von Fasern oder Fäden, z. B. zum Verspinnen

SUP 354023 (Urheberschein). Maschine zur Auflösung von Fasergut. Erf.: *B. V. Archipov*. Anm.: Džambulskaja Fabrika pervičnoj Obrabotki Šersti. A. 18. 8. 70, B. 9. 10. 72. Int. Kl.: D 01b 3/00, D 01g 9/06. A.-Z.: 1468155/28–12.

SUP 356321 (Urheberschein). Anlage zum Waschen von Wolle. Erf.: *B. V. Archipov* u. *E. V. Pleškov*. Anm.: Džambulskaja Fabrika pervičnoj Obrabotki Šersti. A. 18. 8. 70, B. 23. 10. 72. Int. Kl.: D 01b 3/08. A.-Z.: 1468156/28–12.

SUP 357279 (Urheberschein). Verfahren zur Abfallverwertung. Erf.: *V. K. Zachovaev, V. M. Kostakov* u. *N. G. Bochanov*. A. 7. 5. 70, B. 31. 10. 72. Int. Kl.: D 01b 3/00, D 01g 9/00. A.-Z.: 1439535/28–12.

D 01d. Mechanische Verfahren und Vorrichtungen für die Herstellung von künstlichen Fäden, Gespinsten, Fasern, Borsten oder Bändern

DTO 2218239. Vorrichtung zum Herstellen synthetischer Fasern. Erf.: *Eldon Lawrence Fletcher*. Anm.: Du Pont of Canada Ltd., Montreal (CA). A. 14. 4. 72, B. 2. 11. 72. Kl.: 29a, 6/03, Int. Kl.: D 01d 1/06. A.-Z.: P 2218239. Prior.: 16. 4. 71 (CA; A.-Z.: 110609).

SUP 357280 (Urheberschein). Düsenteil für Erspinnmaschinen von Synthesefaserstoffen. Erf.: *M. V. Engel'ne* u. *D. V. Fil'bert*. A. 30. 6. 71, B. 31. 10. 72. Int. Kl.: D 01d 3/00. A.-Z.: 1676697/28–12.

DTO 2117659. Verfahren zum Herstellen von Fäden und Fasern. Erf.: *Günther Bauer, Karl Heinrich* u. *Horst Behrenbruch*. Anm.: Farbwerke Hoechst AG vorm. Meister Lucius & Brüning, 6230 Frankfurt-Höchst (DT). A. 10. 4. 71, B. 19. 10. 72. Kl.: 29a, 6/31, Int. Kl.: D 01d 5/12. A.-Z.: P 2117659.

GBP 1297289. Schmelzspinnen von Fäden. Inh.: Platt International Ltd. A. 6. 11. 70, B. 22. 11. 72. Kl.: B5 B. Int. Kl.: D 01d 5/10. A.-Z.: 52983/70. Entspr. DTO 2155207 u. FRP 2113636.

GBP 1298413. Verfahren zum Schmelzspinnen. Inh.: Imperial Chemical Industries Ltd. A. 4. 8. 71, B. 6. 12. 72. Kl.: B5 B, Int. Kl.: D 01d 5/08. A.-Z.: 37582/70. Entspr. DTO 2138201 u. FRP 2103925.

JAP 7137431. Metallisierte Polyamidspaltfäden. Erf.: *Yuomon Kanojiri, Masaki Daido* u. *Kazuo Iwasaki*. Inh.: Yunichika Co. Ltd. A. 29. 9. 69, B. 4. 11. 71. Int. Kl.: B 29d. A.-Z.: 6977608.

JAP 7208142. Polypropylenfolie mit guten Spalteigenschaften. Erf.: *Munehiro Okumura, Tatsuaki Nishikawa* u. *Kazunori Kagawa*. Inh.: Mitsubishi Rayon Co. Ltd. A. 28. 8. 68, B. 8. 3. 72. Int. Kl.: C 08f, D 01f. A.-Z.: 6861201.

DTO 2123980. Anlage zum Schmelz- oder Trockenspinnen. Erf.: *Ernst Bauch.* Anm.: Neumünstersche Maschinen- und Apparatebau GmbH, 2350 Neumünster (DT). A. 14. 5. 71, B. 16. 11. 72. Kl.: 29a, 6/31, Int. Kl.: D 01d 13/00. A.-Z.: P 2123980.

D 01f. Chemische Gesichtspunkte bei der Herstellung von künstlichen Fäden, Gespinsten, Fasern, Borsten oder Bändern

GBP 1299373. Flammabweisende Fäden. Inh.: Courtaulds Ltd. A. 8. 5. 70, B. 13. 12. 72. Kl.: C3 F, Int. Kl.: C 08b 21/00, 27/00. A.-Z.: 23676/69. Entspr. FRP 2047566 u. USP 3645936.

JAP 7132453. Kontinuierliche Wärmebehandlung von Acrylfaserstoffen. Erf.: *Hirochi Terata, Katsuyoshi Ohkushi, Hideji Kitakawa, Tsutomu Kuwahara* u. *Yasumasa Kokura.* Inh.: Toray Industries, Inc. A. 22. 4. 68, B. 22. 9. 71. Int. Kl.: D 01f, D 02j. A.-Z.: 6826729.

JAP 7142331. Kräuselbarer Polypropylenfaserstoff. Erf.: *Tomohide Yasumura, Tatsuki Matsuo* u. *Hiroshi Yasuda.* Inh.: Toyo Spinning Co. Ltd. A. 30. 7. 68, B. 14. 12. 71. Int. Kl.: D 01f, C 08f. A.-Z.: 6854227.

JAP 7142332. Flammfeste Acrylfaserstoffe. Erf.: *Hideji Kitakawa* u. *Isao Ito.* Inh.: Toray Industries, Inc. A. 28. 8. 68, B. 14. 12. 71. Int. Kl.: D 01f, C 08f. A.-Z.: 6861200.

JAP 7208182. Multifile aus linearem Polycaproamid. Erf.: *Masaa Iwashiro, Yoshiteru Nishida* u. *Michiaki Hagiwara.* Inh.: Yunichika Co. Ltd. A. 29. 5. 68, B. 8. 3. 72. Int. Kl.: D 01f. A.-Z.: 6836545.

SUP 357281 (Urheberschein). Verfahren zur Herstellung poröser Faserstoffe aus Polyestern. Erf.: *V. F. Isakov, E. M. Ajzenštejn* u. *L. P. Repina.* A. 26. 1. 70, B. 31. 10. 72. Int. Kl.: D 01f 7/04. A.-Z.: 1400702/23–5.

D 01g. Vorbehandlung der Fasern, z. B. zum Verspinnen

DTO 2119821. Vorrichtung zum Zerschneiden von Endlosgut, z. B. Herstellen von Stapeln aus Chemiefasern. Erf. nicht genannt. Anm.: Vepa AG, Riehen (CH). A. 23. 4. 71, B. 2. 11. 72. Kl.: 29a, 6/05, Int. Kl.: D 01g 1/04. A.-Z.: P 2119821.

CHP 531574. Stapelfaserschneidemaschine. Erf. nicht genannt. Inh.: Erich Junger u. Charlotte Junger-Drexel, Grünauerstraße, Sargans-Castel (CH). A. 4. 10. 72. Int. Kl.: D 01g 1/10. A.-Z.: 4867/71.

D 02g. Kräuseln oder Krimpfen (Texturieren) von Fasern, Fäden, Zwirnen oder Garnen; Garne oder Zwirne

DTO 2117624. Turbo-Falschdrahtaggregat mit drehbar gelagertem Drallstift. Erf.: *Karl Ostertag* u. *Rudolf Schlosser.* Anm.: Akzo GmbH, 5600 Wuppertal (DT). A. 10. 4. 71, B. 19. 10. 72. Kl.: 29a, 6/20, Int. Kl.: D 02g 1/06. A.-Z.: P 2117624. Entspr. CHP 531067.

CHP 532136. Verfahren zur Herstellung von potentiell kräuselbaren Spaltfasern aus synthetischem Material. Erf.: *Ludwig Horvath.* Inh.: Heberlein & Co. AG, Wattwil (CH). A. 3. 6. 71. Int. Kl.: D 02g 1/00, 3/06. A.-Z.: 8111/71.

JAP 7206048. Polyäthylenterephthalat-Kräuselgarn. Erf.: *Yoshio Kimura, Kenichi Matsui* u. *Yuzo Midorigawa.* Inh.: Asahi Chemical Industry Co. Ltd. A. 31. 12. 68, B. 21. 2. 72. Int. Kl.: D 01d. A.-Z.: 69293.

USP 3683608. Vorrichtung zum Flüssigtexturieren und Methode zur Verwendung derselben. Erf. u. Inh.: *Michel Buzano,* 17, Chemin Chateau Gaillard 69, Villeurbanne (FR). A. 30. 4. 70, B. 15. 8. 72. Kl.: 57-77,3, Int. Kl.: D 02g 1/04, 1/16. 2 Anspr. A.-Z.: 33203.

GBP 1299500. Texturiertes Garn und Verfahren zur Herstellung. Inh.: A. Ratti. A. 28. 8. 70, B. 13. 12. 72. Kl.: D1.W, Int. Kl.: D 02g 3/04, 3/22, 1/20. A.-Z.: 41433/70. Prior.: 8. 10. 69 (IT; A.-Z.: 23107). Entspr. DTO 2047644 u. FRP 2065911.

USP 3683607. Neuartige Führungselemente bei der Herstellung von neuartigen Garnen. Erf.: *Remy Chatin.* Inh.: Moulinage et Retorderie de Chavanoz, Chavanoz (FR). A. 25. 6. 70, B. 15. 8. 72. Kl.: 57-18, Int. Kl.: D 02g 3/36. 10 Anspr. A.-Z.: 49815. Prior.: 26. 6. 69 (FR; A.-Z.: 6921891).

USP 3684648 (ausgesch. aus USP 3584089. A. 12. 9. 69. A.-Z.: 857564). Ein aus Abfallmaterial gebildetes Fadenmaterial aus mehreren Bestandteilen. Erf. u. Inh.: *Roland Keith Kunkel,* c/o Celanese Fibers Co., P. O. Box 1414, *N. C. Charlotte* u. *John Galvin Munro,* 4500 Deepwood Drive, Louisville, Ky. A. 9. 2. 71, B. 15. 8. 72. Kl.: 161-175, Int. Kl.: D 02g 3/36. 2 Anspr. A.-Z.: 114091.

D 02j. Veredeln oder Ausrüsten von Fäden, Garnen, Zwirnen, Schnüren, Seilen od. dgl.

DTO 2121843. Behandlungsvorrichtung zur Erwärmung laufender Fäden. Erf.: *Karl Ostertag, Heinrich Nilgens* u. *Herbert Scheiber.* Anm.: Akzo GmbH, 5600 Wuppertal (DT). A. 4. 5. 71, B. 16. 11. 72. Kl.: 29a, 6/31, 8b, 33. Int. Kl.: D 02j 1/22. A.-Z.: P 2121843.

OEP 304752. Verfahren zur Herstellung von hochschrumpfenden Fäden, Fadenbündeln und Fasern aus Acrylnitril-Polymerisaten. Inh.: Bayer AG, Leverkusen (DT). A. 20. 8. 68, B. 15. 5. 72. Kl.: 29a, 7/08, Int. Kl.: D 02j 1/22. A.-Z.: A 8098/68. Prior.: 7. 9. 67 (DT; A.-Z.: F 53436 VIIa/29a, DTO 1660328. Entspr. CHP 496822, FRP 1582285 u. GBP 1241676.

JAP 7137780. Recken von Polyesterverbundfaserstoffen. Erf.: *Masaru Kobayashi, Akira Ueno, Jin Tsuno* u. *Masami Fujiura.* Inh.: Toray Industries, Inc. A. 27. 3. 69, B. 6. 11. 71. Int. Kl.: D 01d, f. A.-Z.: 6923383.

JAP 7141410. Polyesterverbundfaserstoff. Erf.: *Shoichi Ishida, Masaru Kobayashi, Akira Ueno* u. *Jin Tsuno.* Inh.: Toray Industries, Inc. A. 17. 10. 68, B. 7. 12. 71. Int. Kl.: D 01d. A.-Z.: 6875690.

JAP 7202063. Acrylnitrilfaserstoffe. Erf.: *Hiroshi Ikeshita, Akira Kataoka* u. *Ginoyu Mori.* Inh.: Mitsubishi Rayon Co. Ltd. A. 31. 1. 68, B. 20. 1. 72. Int. Kl.: D 01f. A.-Z.: 685907.

JAP 7209224. Polyesterfaden mit erhöhter Knotenfestigkeit. Erf.: *Kiyokazu Takamura* u. *Shusaku Kadota.* Inh.: Teijin Ltd. A. 28. 2. 69, B. 17. 3. 72. Int. Kl.: D 01d. A.-Z.: 6915111.

JAP 7209222. Polyesterkräuselgarn mit gleichmäßiger Anfärbbarkeit. Erf.: *Kazuo Kitamura* u. *Fumio Shibata.* Inh.: Teijin Ltd. A. 26. 2. 69, B. 17. 3. 72. Int. Kl.: D 01d, D 02g. A.-Z.: 6914478.

PAPIER

D 21 Papierherstellung; Gewinnung von Cellulose bzw. Zellstoff

D 21c. Gewinnung von Cellulose durch Abscheiden nichtcelluloseartiger Substanzen von cellulosehaltigen Stoffen; Wiedergewinnung der Zellstoffablaugen; Vorrichtung dafür

OEP 305018. Verfahren zum Bleichen eines Cellulosebreies. Inh.: International Paper Co., New York (US). A. 22. 12. 66, B. 15. 5. 72. Kl.: 55c, 6, Int. Kl.: D 21c 9/14. A.-Z.: A 11814/66.

JAP 7136488. Behandeln von Papiergarnen mit Viskose. Erf.: *Tsutomu Matsuo, Kaname Satake* u. *Haru Sugano.* Inh.: Kuraray Co. Ltd. A. 4. 4. 68, B. 26. 10. 71. Int. Kl.: D 21h, D 02g. A.-Z.: 6822269.

Sektion G. Physik

G 01 Messen; Prüfen

G 01l. Messen von Kraft, Drehmoment, Arbeit, mechanischer Leistung, mechanischem Wirkungsgrad oder des Drucks von strömenden Medien

SUP 354301 (Urheberschein). Vorrichtung zur Messung der Kräfte elastischer Fäden. Erf.: *L. A. Kondraševa, V. S. Černobrivec, E. M. Izmest'ev, G. A. Kovyza* u. 1 weiterer. Anm.: Dal'nevostočnyj politechničeskij Institut Im. V. V. Kujbyševa; Tichookeanskij naučnoissledovatel'skij Institut rybnogo Chozjajstva i Okeanografii. A. 10. 10. 70, B. 9. 10. 72. Int. Kl.: G 01l 5/04. A.-Z.: 1486493/18–10.

G 01h. Untersuchen der chemischen oder physikalischen Eigenschaften von Stoffen

SUP 354316 (Urheberschein). Prüfgerät für Textilgarne auf Mehrfachdehnung. Erf.: *A. R. A. Jankunas, S. V. I. Jurkevičjus* u. *A. A. Piktis.* Anm.: Kaunasskij politechničeskij Institut. A. 26. 10. 70, B. 9. 10. 72. Int. Kl.: G 01n 3/08. A.-Z.: 1487063/28–12.

SUP 357496 (Urheberschein). Prüfgerät für Textilien auf Durchpressung. Erf.: *A.-R. A. Jankunas.* Anm.: Kaunasskij politechničeskij Institut. A. 4. 1. 71, B. 31. 10. 72. Int. Kl.: G 01n 3/12. A.-Z.: 1612817/28–12.

USP 3683681. Verfahren und Vorrichtung zur Prüfung der Weichheit. Erf.: *Ruel E. Taylor.* Inh.: Ruel E. Taylor Inc., Gorham, Maine. A. 19. 3. 71, B. 15. 8. 72. Kl.: 73-78, Int. Kl.: G 01n 19/00. 15 Anspr. A.-Z.: 126204.

GBP 1299171. Vorrichtung zum Prüfen von textilen Garnen oder Streifen. Inh.: Testrite Ltd. A. 9. 1. 70, B. 6. 12. 72. Kl.: G1 S, Int. Kl.: G 01n 25/00. A.-Z.: 48464/68.

Literaturschau

Auszug aus Lieferung 11 und 12/1973 der Literaturschau „Faserstoffe und Textiltechnik", zusammengestellt von der Abteilung Information und Dokumentation des Instituts für Polymerenchemie der AdW der DDR, 153 Teltow-Seehof, Kantstr. 55

I. Wissenschaftliche Grundlagen

Allgemeines

(Untersuchungsmethoden u. a.)

Huang, Wu-Nan, Vrancken, E., Frederick, J. E.: Vergleich des Einflusses der Polydispersität auf die durch Trägerfrequenzüberlagerungs-(homodyning-) und Schwingungsüberlagerungs-(heterodyning-) Spektrometrie bestimmte Breite der Rayleigh-Linie. Macromolecules, Washington **6** (1973) 1, S. 58–66.

Ambler, M. R.: Universelle Eichung in der GPC; eine neue Näherung zur Berechnung relativer Molekülmassen. J. Polymer Sci.: Polymer Chem. **11** (1973) 1, S. 191–201.

Heitz, W.: Gel-Permeations-Chromatographie, Möglichkeiten und Grenzen. Ber. Bunsenges. physik. Chemie **77** (1973) 3, S. 210–217.

Zowade, T., Höcker, H.: Eine Apparatur zur gaschromatographischen Verfolgung der Metathesereaktion kurzkettiger Olefine. Makromol. Chemie **165** (1973) S. 31–38.

Physik und Chemie der Hochpolymeren

Teramachi, Sh., Fujikawa, T.: Phasentrennungserscheinung an statistischen Copolymerlösungen: Statistisches Styrol-Acrylnitril-Copolymeres/Toluol-System. J. macromol. Sci., A: Chemistry **6** (1972) 7, S. 1393–1492.

Dickie, R. A., Cheung, Mo-Fung, Newman, S.: Heterogene Polymer-Polymer-Verbundstoffe. II. Herstellung und Eigenschaften von Modellsystemen. J. appl. Polymer Sci. **17** (1973) 1, S. 65–78.

Han, C. D., Kim, K. U., Siskovic, N., Huang, C. R.: Ein Vergleich von Messungen der viskoelastischen Eigenschaften von Polymerschmelzen mittels des Han-Spalt/Kapillar-Rheometers und des Weissenberg-Rheogoniometers. J. appl. Polymer Sci. **17** (1973) 1, S. 95–103.

Gembickij, L. S., Osokina, D. N.: Über einige Besonderheiten des polarisationsoptischen und des rheologischen Verhaltens von Polymergelen. Kolloid. Ž., Moskva **35** (1973) 2, S. 243–249.

Yasuda, H., Lamaze, C. E.: Herstellung von Membranen für die umgekehrte Osmose durch Plasmapolymerisation von organischen Verbindungen. J. appl. Polymer Sci. **17** (1973) 1, S. 201–222.

Sütterlin, N., Meyerhoff, G.: Lösungseigenschaften von Äthylcellulose. Vergleichende Bestimmungen von Molekulargewichten und zweiten Virialkoeffizienten mittels Osmose, Lichtstreuung und Sedimentation/Diffusion. Makromol. Chemie **165** (1973) S. 223–244.

Šolc, K., Elias, H.-G.: Multimerisation: Assoziation und Aggregation. XIII. Konzentrationsabhängigkeit der scheinbaren durchschnittlichen relativen Molekülmassen eines polydispersen assoziierenden Polymeren in einem Theta-Lösungsmittel. J. Polymer Sci.: Polymer Physics **11** (1973) 1, S. 137–148.

Kovář, J., Fortelný, I., Bohdanecký, M.: Wirkung des Lösungsmittels bei der Auswertung der experimentellen Daten zur Strömungsdoppelbrechung von Polymerlösungen. Coll. czechoslov. chem. Commun. **38** (1973) 3, S. 848–853 (engl.).

Perepečko, I. I., Starcev, O. V., Mirzakarimov, A.: Akustische Spektroskopie von Polymeren. Plast. Massy, Moskva (Plast. Massen) (1973) 4, S. 71–73.

Fischer, Wm. H., Lodge, J. P., jr.: Entstehung von Kondensationskeimen bei der Pyrolyse von Polymeren. Massenspektroskopische Untersuchung. J. appl. Polymer Sci. **17** (1973) 1, S. 21–29.

Szöcs, F., Tino, J., Plaček, J.: Druckabhängigkeit des Freiradikalzerfalls in Polyamid 6. ESR Untersuchung. European Polymer J. **9** (1973) 3, S. 251–255.

Inoue, Y., Koyama, K., Chûjô, R., Nishioka, A.: Kohlenstoff-13-KMR-Spektroskopie von Polymethacrylnitril. J. Polymer Sci.: Polymer Letters **11** (1973) 1, S. 55–59.

Baker, R. T. K., Harris, P. S., Waite, R. J., Roper, A. N.: Kontinuierliche elektronenmikroskopische Beobachtung des Verhaltens von Ziegler-Natta-Katalysatoren. J. Polymer Sci.: Polymer Letters **11** (1973) 1, S. 45–53.

Beljakov, V. K., Kosobuckij, A. V., Kogan, G. I., Kosobuckaja, A. A., Sokolov, L. B.: Beziehungen zwischen der hydrolytischen Beständigkeit von Polyamiden und der Elektronenstruktur ihrer Amidgruppen. Vysokomol. Soed. (Hochmol. Verbind.) Serie B: Kratkie Soobšč. (Kurzmitt.) **15** (1973) 4, S. 243–246.

Voronovickij, M. M., Daševskij, V. G., Umarova, I. O., Šargunov, E. G.: Berechnung der Konformation von stereoregulären Makromolekülen in Kristallen. Vysokomol. Soed. (Hochmol. Verbind.) Serie A **15** (1973) 4, S. 753–765.

Ziv., A. R., Rhodes, W.: Verallgemeinerte Suszeptibilitätstheorie. IV. Die Struktur der Elektronenabsorptionsspektren von linearen Polymeren. J. chem. Physics **57** (1972) 12 (Teil 2), S. 5354–5364.

Dragan, Gh.: Kristallin-amorphe Kopplung in Polyäthylen. I. Kalorimetrische Untersuchung nach dem Blitzverfahren. Materiale plast., Bucureşti **10** (1973) 2, S. 87–92.

Hogea, I., Părăuseanu, V., Sinchievici, E., Mihăiță, D.: Beziehungen zwischen Struktur und physikochemischen Eigenschaften von Polyäthylen niedriger Dichte. Veränderungen der Polyäthylenstruktur während des thermooxydativen Abbaues. Materiale plast., Bucureşti **10** (1973) 2, S. 84–86.

Privalko, V. P.: Konformations- und Flexibilitätsparameter von Polymerketten. Macromolecules, Washington **6** (1973) 1, S. 111–113.

Koura, A., Schleicher, H., Philipp, B.: Untersuchung zur Quellung und Lösung von Cellulose in aminhaltigen Flüssigkeitsgemischen. 6. Mitt.: Zur Strukturveränderung von Cellulose durch Amine und Aminlösungen. Faserforsch. u. Textiltechnik **24** (1973) 5, S. 187–194.

Binsbergen, F. L.: Heterogene Keimbildung bei der Kristallisation von Polyolefinen. III. Theorie und Mechanismus. J. Polymer Sci.: Polymer Physics **11** (1973) 1, S. 117–135.

Macchi, E. M.: Die direkte Umwandlung von 6-Aminocapronsäuredampf in Polymereinkristalle. Makromol. Chemie **165** (1973) S. 313–320 (engl.).

Dulin, I. N., Zubarev, V. N., Šujkin, A. N., Jampol'skij, P. A.: Über dynamische Adiabaten von organischen Stoffen. Ž. fizič. Chimii (Z. physik. Chemie) **47** (1973) 4, S. 838–841.

Murai, Y., Kuroda, N.: Die dynamische Viskoelastizität von Polyäthylenterephthalatfilm während der Sorption von Phenol. Sen-i Gakkaishi (J. Soc. Fiber Sci. Technol. Japan) **29** (1973) 2, S. T38–T44 (jap.; engl. Zusammenfass.).

Kovriga, V. V., Kuznecova, I. G., Lebedinskaja, M. L., Lur'e, E. G., Osipova, E. S.: Methoden zur Voraussage der Verformungseigenschaften von Plasten. Plast. Massy, Moskva (Plast. Massen) (1973) 4, S. 60–63.

Walczak, Z. K.: Einfluß der Scherungsvorgeschichte auf die Eigenschaften von Polymerschmelzen. I. II. III. J. appl. Polymer Sci. **17** (1973) 1, S. 153–167; 169–176; 177–185.

Hassager, O., Bird, R. B.: Spannungsrelaxation von Lösungen flexibler Makromoleküle. J. chem. Physics **56** (1972) 6 (Teil 1), S. 2498–2501.

Samardukov, E. V., Bil', V. S.: Grundlagen der Anwendung kalorimetrischer Messungen zur Analyse der Verarbeitungsprozesse von Thermoplasten. Plast. Massy, Moskva (Plast. Massen) (1973) 4, S. 56–59.

Filin, L. G., Gumen, R. G.: Einfluß der thermischen Behandlung auf die Eigenschaften von Polycarbonat. Plast. Massy, Moskva (Plast. Massen) (1973) 3, S. 38–39.

Kozlov, N. A., Rabinovič, I. B., Medved', I. B., Šejman, M. S., Močavlo, A. N.: Wärmekapazität der Cellulose bei niedrigen Temperaturen und verschiedenen Entwässerungsverfahren. Cellulose Chem. Technology, Jassy/Rum. **6** (1972) 6, S. 601–607 (russ.).

Jaralov, L. K., Ovanesova, G. S.: Dilatometrische Bestimmung der Einfriertemperatur von optisch empfindlichen Polymeren. Zavodsk. Labor., Moskva (Betriebslabor) **39** (1973) 4, S. 453–454.

Seymour, R. W., Cooper, St. L.: Thermische Analyse von Urethanblockpolymeren. Macromolecules, Washington **6** (1973) 1, S. 48–53.

Kamel, I., Kusy, R. P., Corneliussen, R. D.: Eine Untersuchung der strahlungsinduzierten Pfropfung mittels Differential-Scanning-Kalorimetrie. Macromolecules, Washington **6** (1973) 1, S. 53–58.

Schaper, R. J., Hearp, K. S., Sinkovitz, G. D., Slagel, R. C.: Anionische Polymere als elektrisch leitende Verbindungen und ihr Vergleich mit kationischen Polymeren. Farbstoffkompositionen. Tappi, New York **56** (1973) 2, S. 96–98.

Ferse, A., Paul, M.: Kapazitätsmessungen am System Metall–Polymerfilm–Elektrolytlösung. Z. physik. Chemie, Leipzig **252** (1973) 3/4, S. 198–208.

Petrariu, I., Štamberg, J.: Hofmann'scher Abbau von polymeren quaternären Ammoniumbasen. II. Abbau von basischen linearen und vernetzten Polyelektrolyten vom Phenyltyp in alkalischem Medium. Materiale plast., Bucureşti **9** (1972) 12, S. 650–654.

Cherry, B. W., Stachurski, Z. H., Wright, P. H.: Ionenleitung in Polymeren. J. macromol. Sci., A: Chemistry **6** (1972) 4, S. 797–809.

Irvine, J. D., Work, R. N.: Dielektrische Relaxation in Polymeren aus Styrolderivaten bei niedrigen Temperaturen. J. Polymer Sci.: Polymer Physics **11** (1973) 1, S. 175–191.

Booß, H. J., Hauschildt, K. R.: Volumenänderung bei der Vernetzung von ungesättigten Polyesterharzen. Kunststoffe **63** (1973) 3, S. 181–184.

Sakamoto, M., Yamada, Y., Ojima, N., Tonami, H.: Reversible Vernetzung von Cellulose. VI. Bildung von Sulfoniumderivaten durch Reaktion von Cellulose-β-mercaptoäthylaminocarboxylat mit Methyloxid. J. appl. Polymer Sci. **17** (1973) 1, S. 283–290.

Baker, C., Maddams, W. F., Park, G. S., Robertson, B.: Eine Bemerkung zur quantitativen Bestimmung der Kettenverzweigung in Polyvinylchlorid. Makromol. Chemie **165** (1973) S. 321–323 (engl.).

Horun, S.: Wirksamkeit der photochemischen Stabilisierung von Polyvinylchlorid mit UV-Absorbern. Materiale plast., Bucureşti **10** (1973) 2, S. 93–100.

Gal'brajch, L. S., Vojtenko, I. L., Rogovin, Z. A.: Vergleichende Untersuchung der Eigenschaften von Cellulose und von Mischpolysacchariden mit Gluco- und Altropyranoseresten sowie ihrer Derivate. Cellulose Chem. Technology, Jassy/Rum. **6** (1972) 6, S. 627–633 (russ.).

Carlsson, D. J., Suprunchuk, T., Wiles, D. M.: Die mögliche Bedeutung von Reaktionen unter Extinktion von Singulett-Sauerstoff für die Lichtstabilisierung von Polyolefinen. J. Polymer Sci. Polymer Letters **11** (1973) 1, S. 61–65.

Tarasova, G. I., Pavlova, S. A., Koršak, V. V.: Fraktionierung aliphatischer Polyester. Vysokomol. Soed. (Hochmol. Verbind.) Serie A **15** (1973) 4, S. 929–932.

Koroleva, L. V., Kuročkina, M. I., Vaučskij, Ju. P., Lunev, V. D.: Trennung von ε-Caprolacton/Polycaprolacton-Gemischen durch Extraktion. Ž. prikl. Chimii (Z. angew. Chemie) **46** (1973) 3, S. 670–672.

Horii, F., Ikada, Y., Sakurada, I.: Einfluß von Pfropfpolymeren auf die Entmischung von unmischbaren Polymeren in Lösung. J. Polymer Sci.: Polymer Chem. **11** (1973) 1, S. 41–53.

Physik und Chemie der Monomeren und Oligomeren

Skorochodova, V. L., Kogan, V. B.: Untersuchung des Flüssig-Dampf-Gleichgewichts in binären Systemen mit Caprolactam. Ž. prikl. Chimii (Z. angew. Chemie) **46** (1973) 3, S. 698.

Skwarski, T., Laszkiewicz, B., Mikolajczyk, T., Pryc, A.: Bestimmung der Zusammensetzung des Reaktionsproduktes bei der technischen hydrolytischen Polymerisation von Caprolactam. Teil I. Bestimmung von Caprolactam und Oligomeren durch Extraktion und Sublimation. Polimery, Warszawa **18** (1973) 1, S. 28–30.

Šur, V. S., Škol'nik, S. I., Čajko, A. K.: Vorrichtung zur Bestimmung der Photoempfindlichkeit von flüssigen photopolymerisierbaren Mischungen. Zavodsk. Labor., Moskva (Betriebslabor) **39** (1973) 4, S. 489–490.

Simionescu, C., Dumitriu, S.: Neue Cellulosederivate für die Synthese von Pfropfcopolymeren und für Cellulosematerialien mit antimikrobiellen Eigenschaften. Cellulose Chem. Technology, Jassy/Rum. **6** (1972) 6, S. 663–670 (franz.).

Nagura, M., Tagawa, H., Wada, E.: Struktur von Oligourethanen. 4. Schmelzen der aus Lösung gewachsenen Kristalle. Makromol. Chemie **16** (1973) S. 325–328 (engl.).

Polymerisation

Zubov, V.: Neues auf dem Gebiet der radikalischen Polymerisation. J. macromol. Sci., A: Chemistry **6** (1972) 5, S. 863–918.

Moskalenko, L. N., Arest-Jakubovič, A. A. (Schreibw. i. Orig.: *Arest-Yakubovich, A. A.*): Reaktivität von Metallen der II. Gruppe bei der anionischen Polymerisation. Nuova Chimica, Milano **49** (1973) 4, S. 45–47.

Bezdadea, M., Simionescu, Cr.: Matrizenpolymerisation. Materiale plast., Bucureşti **10** (1973) 2, S. 63–74.

Yokota, K., Tomioka, H., Tazumi, A.: Bestimmung der Kettenübertragungskonstanten für Lösungsmittel, wenn die Viskosität des Polymerisationssystems als bedeutend betrachtet wird. J. macromol. Sci., A: Chemistry **6** (1972) 7, S. 1337–1347.

Penczek, St.: Polymerisation – neue Verfahren, Kinetik, Thermodynamik, Mechanismus. Polimery, Warszawa **18** (1973) 1, S. 12–14.

Gavrilec, V. N., Strel'cov, A. A.: Modellierung der Bildung von linearen Polymeren mit Markoffschen Ketten. Zavodsk. Labor., Moskva (Betriebslabor) **39** (1973) 3, S. 323–326.

Weigmann, H.-J., Lau, A., Lenz, K., Werncke, W., Pfeiffer, M.: Chemische Reaktionen unter Einwirkung von Laserstrahlung. Z. Chemie **13** (1973) 4, S. 125–129.

Pinazzi, C., Villette, J. P., Pleurdeau, A.: Synthese von mono- und bifunktionellen Polymeren und ihre Umsetzung mit Polyisocyanaten und Polyepoxiden. Nuova Chimica, Milano **49** (1973) 4, S. 87–89.

Šebenda, J.: Lactampolymerisation. J. macromol. Sci., A: Chemistry **6** (1972) 6, S. 1145–1199.

Yamashita, Y., Matsui, H., Ito, K.: Blockcopolymerisation. V. Anionische Blockpolymerisation von Lactamen. J. Polymer Sci.: Polymer Chem. **10** (1972) 12, S. 3577–3587.

Korobova, N. M., Lejtman, M. I., Paramonkov, E. Ja., Stefanovič, L. G., Baulin, A. A., Čirkov, M. N., Semenova, A. S.: Polymerisation von Äthylen unter Anwendung von Katalysatoren auf einem Träger. Plast. Massy, Moskva (Plast. Massen) (1973) 3, S. 3–5.

Wisseroth, K.: Zur theoretischen Deutung der Niederdruck-Polymerisations-Katalyse von Olefinen. Chem. Ztg., Heidelberg **97** (1973) 4, S. 181–188.

Lal, J., Devlin, E. F.: Polymerisation von Olefinoxiden mit Zink-n-butylxanthogenat- und Zink-dimethyldithiocarbamat-Katalysatoren: Initiierungsmechanismus. J. Polymer Sci.: Polymer Chem. **11** (1973) 1, S. 119–133.

Hyde, P., Kricka, L. J., Ledwith, A.: Synthese und Polymerisierbarkeit von N-Äthylen-2-vinylcarbazol. Polymer, London **14** (1973) 3, S. 124–125.

Ballard, D. G. H., Dawkins, J. V., Key, J. M., van Lienden, P. W.: Polymerisation von Vinylmonomeren durch Übergangsmetallbenzylverbindungen. Teil II. Polymerisation von Styrol durch Zirkontetrabenzyl. Makromol. Chemie **165** (1973) S. 173–192 (engl.).

Cobieanu, N., Mărculescu, B., Boghina, C., Vasilescu, S. D., Matache, S.: Aspekte der Synthese und Polymerisation von N-Vinylmonomeren. I. N-Vinylcaprolactam. Materiale plast., Bucureşti **10** (1973) 2, S. 75–80.

Guéniffey, H., Kämmerer, H., Pinazzi, Ch.: Cyclopolymerisation des Bismethacrylsäureesters von 2,2'-Dihydroxy-5,5-dimethyldiphenylmethan. Makromol. Chemie **165** (1973) S. 73–81 (franz.).

Misra, G. S., Gupta, C. V.: Durch das Redoxsystem $K_2S_2O_8$/Ascorbinsäure ausgelöste Polymerisation von Methacrylamid im wäßrigen Medium. Makromol. Chemie **165** (1973) S. 205–216 (engl.).

Gaylord, N. G., Patnaik, B. K., Janovic, Z.: Donator-Akzeptor-Komplexe in der Copolymerisation. XLIII. Cyclisierung von alternierenden und statistischen Styrol-Methacrylsäureester-Copolymeren. J. Polymer Sci.: Polymer Chem. **11** (1973) 1, S. 203–214.

Sato, K., Ogasawara M., Hayashi, K.: Einfluß von Leitelektrolyten auf die elektroinitiierte Polymerisation von Acrylnitril. J. Polymer Sci.: Polymer Letters **11** (1973) 1, S. 5–13.

Oguni, N., Kamachi, M., Stille, J. K.: Die spontane, simultane Homopolymerisation von Vinylidencyanid und cyclischen Äthern beim Mischen der zwei Monomeren bei 25 °C. Macromolecules, Washington 6 (1973) 1, S. 146–148.

Vološin, G. A., Boldyrev, B. G., Sembaj, E. I.: Untersuchung der Copolymerisationskinetik von Styrol mit Acroylaminoanthrachinonfarbstoffen bei der Herstellung von strukturgefärbten Polymeren. Ž. prikl. Chimii (Z. angew. Chemie) 46 (1973) 3, S. 611–615.

Duchnenko, E. M., Tavoložanskaja, T. V., Silant'ev, V. V.: Polymerisation von Styrol unter dem Einfluß von Trichloressigsäure und Übergangsmetallsalzen. Vysokomol. Soed. (Hochmol. Verbind.) Serie A 15 (1973) 4, S. 828–831.

Keusch, P., Williams, D. J.: Gleichgewichtseinkapselung von Polystyrollatexteilchen. J. Polymer Sci.: Polymer Chem. 11 (1973) 1, S. 143–162.

Tonojan, A. O., Davtjan, S. P., Mkrtčjan, S. L., Rozenberg, B. A., Enikolopjan, N. S.: Polymerisationskinetik von 1,3-Dioxolan in Gegenwart von Methylal. Vysokomol. Soed. (Hochmol. Verbind.) Serie A 15 (1973) 4, S. 798–804.

Kubisa, P.: Über den Initiierungsmechanismus der kationischen Polymerisation von cyclischen Acetalen. Polimery, Warszawa 18 (1973) 1, S. 15–18.

Krolikowski, W., Prusińska, I.: Allylpolymere und -plaste. Polimery, Warszawa 18 (1973) 1, S. 1–5.

Rozenberg, B. A., Komarov, B. A., Ponomarova, T. I., Enikolopjan, N. S. (Schreibw. i. Orig.: *Enikolopyan, N. S.*): Untersuchung des Initiierungsmechanismus der Polymerisation von cyclischen Acetalen durch Proton- und Aprotonsäuren. J. Polymer Sci.: Polymer Chem. 11 (1973) S. 1–5.

Yasuda, H., Tani, H.: Stereospezifische Polymerisation von aliphatischen Monoaldehyden. Macromolecules, Washington 6 (1973) 1, S. 17–26.

Jaacks, V., Boehlke, K., Kern, W.: Über den Kettenwachstumsmechanismus bei der strahlungsinduzierten Polymerisation von Trioxan im festen Zustand. Makromol. Chemie 165 (1973) S. 51–57 (engl.).

Mengoli, G., Vidotto, G.: Elektrochemisch ausgelöste Polymerisation von Trioxan in Benzonitril und Nitrobenzol. Teil II. Makromol. Chemie 165 (1973) S. 145–152 (engl.).

Vaščuk, V. Ja., Moščinskaja, N. K.: Untersuchung der Umsetzung von Dicarbonsäurechloriden mit Diglycidäthern von Bisphenolen. Vysokomol. Soed. (Hochmol. Verbind.) Serie B: Kratkie Soobšč. (Kurzmitt.) 15 (1973) 4, S. 273–275.

Pinazzi, C. P., Cattiaux, J., Soutif, J. C., Brosse, J. C.: Ringöffnungspolymerisation: Polymerisation von Bicyclo(6.1.0)-non-4-en und 9,9-Dichlorbicyclo(6.1.0)-non-4-en. J. Polymer Sci.: Polymer Letters 11 (1973) 1, S. 1–3.

Enikolopjan, N. S. (Schreibw. i. Orig.: *Enikolopyan, N. S.*): Die spezifische Art der Polymerisation von Heterocyclen. J. macromol. Sci., A: Chemistry 6 (1972) 6, S. 1053–1075.

Montaudo, G., Bruno, G., Maravigna, P., Finocchiara, P., Centineo, G.: Polyaromaten mit Brückenbindungen: Synthese und isomorphe Eigenschaften von Polymeren und Oligomeren mit O-, S- und CH_2-Brücken. J. Polymer Sci.: Polymer Chem. 11 (1973) 1, S. 65–79.

Imai, Y., Koga, H.: Herstellung und Eigenschaften von aromatischen Polyamidbenzothiadiazindioxiden. J. Polymer Sci.: Polymer Chem. 11 (1973) 1, S. 289–300.

Smirnov, R. F., Tichomirov, B. I., Marinčenko, G. V., Jakubčik, A. I.: Polymerisation von Chinolin unter dem Einfluß von Alkylhalogeniden. Vysokomol. Soed. (Hochmol. Verbind.) Serie A 15 (1973) 4, S. 740–747.

II. Faserstoffe. Ausgangsstoffe usw.

Dilli, S., Garnett, J. L., Kenyon, R. S., Martin, E. C., Phuoc, D. H., Yen, Y., Leeder, J. D.: Strahlungsinduzierte Reaktionen mit Cellulose. XI. Vergleich von Cellulose mit Wolle und Polyäthylen als Trägerpolymere bei der Copolymerisation. J. macromol. Sci., A: Chemistry 6 (1972) 4, S. 719–744.

Naturfaserstoffe

Pflanzliche Faserstoffe

Eine „fünfte" Naturfaser: die SRC-Ramiefaser. Vêtir, Paris (1973) 183, S. 23–24.

Sakamoto, M., Yamada, Y., Tonami, H.: Reaktion von Tosylcellulose mit Thioharnstoff. Sen-i Gakkaishi (J. Soc. Fiber Sci. Technol. Japan) 29, (1973) 1 S. T28–T30 (jap.; engl. Zusammenfass.).

Tierische Faserstoffe

D'Arcy, R. L., Watt, I. C., McLaren, K. G.: Strahlungsinitiierte Polymerisation in gealtertem Wollkeratin. J. macromol. Sci., A: Chemistry 6 (1973) 4, S. 689–704.

Watt, I. C., D'Arcy, R. L.: Copolymere von Wollkeratin: Sorptionseigenschaften. J. macromol. Sci., A: Chemistry 6 (1973) 4, S. 705–718.

Tafta, A.: Moderne Kontrollmethoden, die im Weltmaßstab bei der Rohwollübernahme angewandt werden. Ind. textilă, Bucureşti 24 (1973) 3, S. 137–143 (mit dt., engl., franz. u. russ. Zusammenfass.).

Woo, Sh. H.: Pfropfcopolymerisation von Methylmethacrylat auf Seide durch ein Cu(II)-Salz/H_2O_2-System. Sen-i Gakkaishi (J. Soc. Fiber Sci. Technol. Japan) 29 (1973) 3, S. T106–T111 (jap., engl. Zusammenfass.).

Aoki, I.: Über die Wechselwirkung oberflächenaktiver Mittel mit Sericin. Teil 2. Sen-i Gakkaishi (J. Soc. Fiber Sci. Technol. Japan) 29 (1973) 3, S. T128–T135 (jap.; engl. Zusammenfass.).

Chemiefaserstoffe

Iordache, Gh.: Zum „Quellen" von plastischen Materialien. Materiale plast., Bucureşti 9 (1972) 11, S. 603–605.

Cellulose und Zellstoff

Bojarskjaka, R. K., Arakin, I. E., Cypkina, M. N.: Theoretische Begründung der Zellstoffherstellung nach dem kombinierten Disulfitsaures Sulfitverfahren. Cellulose Chem. Technology, Jassy/Rum. 6 (1972) 6, S. 609–615 (russ.).

Synthetische Faserstoffe

Dimov, K., Aleksandrova, I., Vučkov, I.: Über einige optimale Herstellungsverfahren von Polyesterfaserstoffen JAMBOLEN im Hinblick auf ihre Anwendung in der Textilindustrie. Tekstil. Prom., Sofija (Textil-Ind.) 22 (1973) 2, S. 81–84.

Riggert, K., Terrier, F.: Die Entfernung niedermolekularer Anteile in Polyamid-6-Schmelzen mittels Vakuum. CZ Chemie-Technik, Heidelberg 2 (1973) 3, S. 95–99.

Sakaoku, K., Morosoff, N., Peterlin, A.: Recken von Polyamid-6-Faserstoffen (Borsten). J. Polymer Sci.: Polymer Physics 11 (1973) 1, S. 31–42.

Terada, K.: Änderungen in der Feinstruktur von naßersponnenen Acrylfaserstoffen während des Trocknens. Sen-i Gakkaishi (J. Soc. Fiber Sci. Technol. Japan) 29 (1973) 3, S. T120–T127 (jap.; engl. Zusammenfass.)

Künstliche mineralische Faserstoffe

Sviridova, R. N., Gavrilov, M. Z., Ermolenko, I. N.: Herstellung von sulfatierten Kohlenstoffaserstoffen und Untersuchung ihrer Struktur. Kolloid. Ž., Moskva 35 (1973) 2, S. 305–309.

Ausgangsstoffe. Schaumstoffe. Kautschuk

Pohlemann, H.: Möglichkeiten der Polymerchemie zur Erreichung spezieller Endeigenschaften. Chem. Ztg., Heidelberg 97 (1973) 4, S. 165–176.

Luft, G.: Einfluß der Reaktionsbedingungen auf Umsatz und Produkteigenschaften bei der Hochdruck-Polyäthylensynthese. CZ Chemie-Technik, Heidelberg 2 (1973) 3, S. 89–94.

III. Fäden-Herstellungstechnologien

Beck, T.: Über die Katherin-Fabrik der Spring Mills, Inc., in Süd-Karolina (USA). Magyar Textiltechn. 26 (1973) 3, S. 122–126.

Spinnereivorbereitung

Akami, H., Kawakami, T.: Simulation des Brechens von Baumwollflocken im Ballenbrecher. Sen-i Gakkaishi (J. Soc. Fiber Sci. Technol. Japan) 29 (1973) 2, S. T57–T69 (jap.; engl. Zusammenfass.).

Kruszewski, T.: Speichereinrichtung für die Rohstoffspeisung der Vorkrempel. Przegl. włókienn. (Textil-Rdsch.) 27 (1973) 1, S. 18–21.

Želev, Ž., Jotov, A.: Ausgleichswirkung durch Florverdickung an der Karde. Tekstil. Prom., Sofija (Textil-Ind.) 22 (1973) 1, S. 17–19; 2, S. 67–69.

Spinnerei

Balasubramanian, H., Trivedi, G. K.: Einfluß der Zuführungsbedingungen beim Ringspinner auf die Garnqualität und Spinnleistung. Textile Res. J. 43 (1973) 1, S. 1–9.

Janiszewski, H.: Neue Systeme des Schneidens von Chemiefasern nach dem Converterverfahren. Przegl. włókienn. (Textil-Rdsch.) 27 (1973) 1, S. 22–26.

Lord, P. R., Mohamed, M. H.: Drehungslose Garne und Gewebe. Textile Res. J. 43 (1973) 2, S. 96–102.

Zwirnerei

Der zukünftige Trend des synthetischen Nähfadens. Japan Textile News (1972) 211, S. 77.

Erzeugnisse der Spinnerei und Zwirnerei

Schätzle, H.: Neues Spinnverfahren zur Herstellung texturierter Garne aus Polyester. Chemiefasern/Textil-Ind. 23/75 (1973) 4, S. 295–296.

Kőhalmi, K.: Wirtschaftliche Effektivität der Baumwollgarnerzeugung. II. Teil. Magyar Textiltechn. 26 (1973) 3, S. 97–102.

IV. Flächengebilde-Herstellungstechnologien

Herstellung von Maschenkleidung unter Verwendung von schmelzbarem Einlagestoff. Japan Textile News (1972) 211, S. 74–76.

Materialvorbereitung

Turck, R.: Technische Übersicht über Spul-, Schär-, Zettel- und Schlichte-Maschinen. Chemiefasern/Textil-Ind. 23/75 (1973) 4, S. 317.

Weberei

Fankhauser, H.-P.: Konzeption und Anwendung des Systems 913 in der Weberei. Melliand Textilber. internat. 54 (1973) 4, S. 321–324.

Reichelt, K.: Qualitätsprämiensysteme in der Weberei. Melliand Textilber. internat. 54 (1973) 4, S. 349–350.

Calin, L.: Kostenanalyse in der Produktion von Geweben. Ind. textilă, Bucureşti 24 (1973) 3, S. 144–145.

Weberei-Technologie

Salamon, F.: Über die Entwicklungsdynamik der Webindustrie. Magyar Textiltechn. 26 (1973) 3, S. 119–121.

Erzeugnisse der Weberei

Molnár, I., Novák, J., Szegö, E., Huszka, Z.: Über die therapeutische Brauchbarkeit von Verbänden und ihr Zusammenhang mit ihren physikalisch-chemischen Eigenschaften. II. Teil. Magyar Textiltechn. 26 (1973) 3, S. 128–129.

Crawshaw, G. H., Ince, J.: Textile Fußbodenbeläge. Textile Progress 4 (1972) 2, S. 1–154.

Stein, H. J.: Heimtextilien — Bedeutung, Marktstrukturen und Entwicklungstendenzen. Chemischreiniger/Wäscher/Färber-Ztg. 72 (1973) 1, S. 5–10, 12.

Wirkerei und Strickerei. Konfektionstechnik. Sonstige Technologien

Weber, K.-P.: Die Wirkerei und Strickerei. Technologische und bindungstechnische Grundlagen. Melliand Textilber. internat. 54 (1973) 4, S. 381–385.

van Gorp, P. J. M., de Rooy, M. M. J. M.: Neue Fasern und Fasermischungen für Textilprodukte mit besonderen Eigenschaften. (Schluß). Tex, Doetinchem/Nd. 32 (1973) 4, S. 13–16, 22–24.

Wirkerei- und Strickerei-Technologie

Koppitz, W.: Warenanfänge auf Großrundstrickmaschinen. Wirk.- u. Strick.-Technik 23 (1973) 3, S. 155–162; 4, S. 229–230, 232–233.

Erzeugnisse der Wirkerei und Strickerei

Rab, J.: Die optimale Anzahl der Stricksysteme auf Rundstrickmaschinen. Melliand Textilber. internat. 54 (1973) 4, S. 359–363.

Höhere Systemzahl oder höhere Arbeitsgeschwindigkeit bei Jacquard-Großrundstrickmaschinen? Eine kritische Betrachtung. Melliand Textilber. internat. 54 (1973) 4, S. 351–354.

Albinus, A.: Maschinen- und verfahrensbedingte Ringligkeit in Rundstrickwaren aus texturierten Polyester-Set-Garnen. Wirk.- u. Strick.-Technik **23** (1973) 3, S. 152–155.
Furkert, F., Mielke, H.: Maschenstoffe für Heimtextilien – Herstellung und Gestaltung. Chemiefasern/Textil-Ind. **23/75** (1973) 4, S. 322–330.

Konfektion

Kroneva, Z.: Projektierung und Errichtung von automatischen Steuersystemen in der Konfektionsindustrie. Tekstil. Prom., Sofija (Textil-Ind.) **22** (1973) 2, S. 59–62.
Mitu, St.: Produktionsflächen und Lager in Konfektionsbetrieben. Ind. textilă, Bucureşti **24** (1973) 3, S. 155–162.
Nestler, R., Schlegel, W., Scholze, W.: Vereinzeln von Stoffteilen. Faserforsch. u. Textiltechnik **24** (1973) 5, S. 181–186.
Druri, M., Strachocka, A.: Festlegung geeigneter Nähnadeltypen und Feinheiten zur Konfektion bestimmter Grundsortimente von Maschentextilien. Przegl. włókienn. (Textil-Rdsch.) **27** (1973) 1, S. 33–36.

Fadenverbundstoffe

Zametta, B. V., Agen, L. V., Zaikina, N. B., Morozov, E. G., Skripka, V. N., Krovjakov, I. A., Kalinina, I. D.: Herstellung von Spinn-Vliesstoffen nach dem aerodynamischen Bildungsverfahren. Tekstil. Prom., Moskva (Textil-Ind.) **33** (1973) 1, S. 64–67.

Textilverbundstoffe

Sobotka, L.: Kontrolle und Steuerung der Produktion von Nähwirkstoffen. Wirk.- u. Strick.-Technik **23** (1973) 4, S. 234–239.

V. Textilveredlung

Textilveredlung schöpft für dieses Jahr neuen Mut. VDI-Nachr. **27** (1973) 21, S. 15.

Farbstoffe. Textilhilfsmittel

Ries, D.: Reinigungsverstärker – Neue Hilfsmittel für den Textilveredler. Melliand Textilber. internat. **54** (1973) 4, S. 425–427.

Bleicherei. Sonstige Vorbehandlungsverfahren der Textilveredlung

Safonov, V. V., Dymova, Z. N., Bogdanov, D. A., Kirsanova, M. P.: Über die Zweckmäßigkeit des Einsatzes von Orthophosphaten bei der Peroxidbleiche von Textilien. Tekstil. Prom., Moskva (Textil-Ind.) **33** (1973) 1, S. 69.
Bode, Kl.-D., Guth, W.: Die PKS-Bleiche – ein neues Schnellbleichverfahren zum kontinuierlichen Bleichen und Weißtönen von Cellulosefasern mit Wasserstoffperoxid. Melliand Textilber. internat. **54** (1973) 4, S. 391–393.

Färberei

Ligeti, I., Hornung, J.: Die Auswirkung des Verbrauchs von Synthesefasern auf die Zukunft der textilen Flächen in der Wollindustrie. Magyar Textiltechn. **26** (1973) 3, S. 143–149.
Gutberlet, W.: Planung, Aufbau und Bedeutung einer Farbmetrik-Organisation. Melliand Textilber. internat. **54** (1973) 4, S. 398–400.
Blackburn, S.: Das Färben von Polyester-Florteppichen. Textile Manuf. **100** (1973) 1176, S. 33–34, 37, 39, 41.
Rais, J.: Beiträge zur hyperbolischen kinetischen Färbegleichung nach Vickerstaff. Chem. Prům., Praha (Chem. Ind.) **23**(48) (1973) 3, S. 127 bis 133.
Shibusawa, T., Hirose, Y.: Einfluß der Konstitution des Farbstoffs auf den Grad der Wechselwirkung zwischen Dispersionsfarbstoffen und Natriumalkylsulfaten. Sen-i Gakkaishi (J. Soc. Fiber Sci. Technol. Japan) **29** (1973) 1, S. T1–T7 (jap.; engl. Zusammenfass.).
Cegarra, J.: Ein neuer Färbeapparat nach dem Packsystem. Melliand Textilber. internat. **54** (1973) 4, S. 394–397.

Druckerei

Neue Verfahren zum Drucken von scharfen und feinen Konturen mit Rotationsschablonen. Textllis, Gent **29** (1973) 4, S. 13–14.
Dergačeva, L. A., Sannikova, A. T., Gudauskajte, R. A., Charcharov, A. A.: Beizendruck auf Triacetatfasergeweben. Tekstil. Prom., Moskva (Textil-Ind.) **33** (1973) 1, S. 71–72.
Bliničeva, I. B., Mel'nikov, B. N., Rassina, M. I., Gandurin, L. I.: Bedrucken von Geweben aus Synthesefasern mit Dispersionsfarbstoffen. Tekstil. Prom., Moskva (Textil-Ind.) **33** (1973) 1, S. 72–74.

Ausrüstung. Trocknung

Ikeda, T., Hamanaka, M., Tsuji, W., Ikeda, Y.: Einfluß eines Zinkfluorboratkatalysators auf die thermooxydative Stabilität von mit Acrylsäure gepfropften Polypropylengeweben, die mit Tris-(1-aziridinyl)-phosphinoxid behandelt werden. Sen-i Gakkaishi (J. Soc. Fiber Sci. Technol. Japan) **29** (1973) 3, S. T112–T119 (jap.; engl. Zusammenfass.).
Günther, I., de la Torre, H., Flath, H.-J.: Untersuchungen zum Kondensationsverlauf bei der Knitterarmausrüstung mit N-Methylolverbindungen. II. Mitt.: Untersuchung der Reaktionsprodukte von Vorkondensaten. Faserforsch. u. Textiltechnik **24** (1973) 5, S. 198–206.
Vail, S. L., Verburg, G. B.: Chemische und physikalische Eigenschaften von mit N-Methylol-Agenzien modifizierter Baumwolle. III. Beobachtungen über die Polymerisation und Vernetzung von Agentien auf Basis Melamin mit Baumwolle. Textile Res. J. **43** (1973) 2, S. 67–74.
Andrews, B. A., Kottes, Frick, J. G.: Die Rolle der Glas-Übergangstemperatur von polymeren Additives bei der Durable-Press-Ausrüstung von Baumwoll-Gewirken. Textile Res. J. **43** (1973) 1, S. 19–23.
Brickman, W. J.: Chemische Modifizierung von Cellulose für neue Applikationen durch Redoxpfropfung über Xanthogenatgruppen. Tappi, New York **56** (1973) 3, S. 97–100.
Kunstharzausrüstung. Japan Textile News (1972) 211, S. 32.

Wäscherei. Chemische Reinigung

Das A und O des Mietwäschegeschäftes. II. Reiniger + Wäscher **26** (1973) 4, S. 38–42.
Rudolph, I., Krzeminski, J.: Ermittlung der optimalen Zentrifugenzeiten bei Einsatz eines Durchgangstrockners und maximaler Auslastung der Dreimuldenmangel. Textilreinigung **20** (1973) 5, S. 142–144.
Koci, J.: Waschen und Chemischreinigen einiger neuartiger Textilien. Textilreinigung **20** (1973) 5, S. 148–149.
Nause, K.: Wasser ins Chemischreinigungsbad? Chemischreiniger/Wäscher/Färber-Ztg. **72** (1973) 1, S. 13–14.

VI. Werkstoffprüfung. Meß- und Prüftechnik. Standardisierung

Eigenschaften und Fehler der Textilmaterialien u. a.

Daruwalla, E. H., Moonim, S. M., Tamboskar, P. K.: Sensibilisierter und nichtsensibilisierter photochemischer Abbau von Cellulose und chemisch modifizierten Cellulosen. Cellulose Chem. Technology, Jassy/Rum. **6** (1972) 6, S. 695–707 (engl.).
Haga, T., Ishibashi, H.: Wechselwirkungen zwischen Polyamid-6-Faserstoff und organischen Lösungsmitteln. Sen-i Gakkaishi (J. Soc. Fiber Sci. Technol. Japan) **29** (1973) 2, S. T70–T77 (jap.; engl. Zusammenfass.).
Suzuki, A., Shinkai, K., Ohira, M.: Wirkung der Grenzflächenspannung auf den Gleitwiderstand von nassen Geweben. Sen-i Gakkaishi (J. Soc. Fiber Sci. Technol. Japan) **29** (1973) 2, S. T50–T56 (jap.; engl. Zusammenfass.).
Adurov, P.: Veränderung der Bauschigkeit von Polyamidseide WIDLON bei deren Behandlung für die Strumpfherstellung. Tekstil. Prom., Sofija (Textil-Ind.) **22** (1973) 2, S. 75–77.
Serafimoff, S., Stojanoff, S.: Standard-Testschmutz für Halbwolle zur Bestimmung des Chemisch-Reinigungseffektes mit nichtpolaren Lösungsmitteln. Melliand Textilber. internat. **54** (1973) 4, S. 420–424.
Randev, P., Markov, A.: Die staatliche und Betriebsbewertung – eine Form für Güterregelung. Tekstil. Prom., Sofija (Textil-Ind.) **22** (1973) 1, S. 11–13.
Hägele, G.: Ausrüstungsprobleme bei Herren-Jersey. Melliand Textilber. internat. **54** (1973) 4, S. 419–420.
Görlach, H., Stroot, W.: Systematische Konstruktion von wasserdichten, atmungsaktiven Geweben mit Chemiefasern. Chemiefasern/Textil-Ind. **23/75** (1973) 4, S. 330, 335, 336.
Menges, G.: Das Verhalten von Kunststoffen unter Dehnung. Kunststoffe **63** (1973) 2, S. 95–100; 3, S. 173–177.

Meß- und Prüftechnik

Zimovic, V. F.: Prüfvorrichtung für Plaste unter Bedingungen einer dynamischen Beanspruchung. Zavodsk. Labor., Moskva (Betriebslabor) **39** (1973) 4, S. 480–481.
Birky, M. M., Yeh, K.-N.: Kalorimetrische Untersuchung von entflammbaren Geweben. I. Geräte und Messungen. J. appl. Polymer Sci. **17** (1973) 1, S. 239–253.
Yeh, K.-N., Birky, M. M., Huggett, Cl.: Kalorimetrische Untersuchung von entflammbaren Geweben. II. Analyse von flammfest ausgerüsteter Baumwolle. J. appl. Polymer Sci. **17** (1973) 1, S. 255–268.
Varsónyi, Z.: Prüfung texturierter Garne. Magyar Textiltechn. **26** (1973) 3, S. 140–142.
Miller, B., Goswami, B. C., Turner, R.: Planung und Messung der Auslöschbarkeit als ein Brennbarkeitskriterium. Textile Res. J. **43** (1973) 2, S. 61–67.
Batra, S. K.: Die Normalkraft zwischen gedrehten Elementarfäden. Teil I. Das Modell einer um einen Zylinder gewickelten Faser. Analytische Behandlung. J. Textile Inst. **64** (1973) 4, S. 209–222.
Voke, J.: Farbensehen und Teste. Internat. Dyer, Textile Printer, Bleacher, Finisher **149** (1973) 5, S. 250–252, 254–255, 257, 260–261.
Balcerzyk, E.: Porosität von Faserstoffen in gequollenem Zustand und die entsprechenden Untersuchungsmethoden. Polimery, Warszawa **18** (1973) 1, S. 5–8.
Knapton, J. J. F.: Weitere Überlegungen über die Geometrie relaxierter Doppel-Jersey-Strukturen aus Wolle. J. Textile Inst. **64** (1973) 4, S. 223–228.
Schick, M. J.: Reibung und Schmälzen synthetischer Fasern. Teil I. Einfluß der Oberflächenrauheit des Fadenführers und der Geschwindigkeit auf die Faserreibung. Textile Res. J. **43** (1973) 2, S. 103–109.
Kissa, E.: Die Adsorption fester Teilchen an Textilien. Textile Res. J. **43** (1973) 2, S. 86–95.

Standardisierung. Terminologie

Georgiev, G.: Möglichkeiten zur Einführung der komplexen Standardisierung in die Textilindustrie. Tekstil. Prom., Sofija (Textil-Ind.) **22** (1973) 1, S. 13–14.
Das Wollsiegel in seinen verschiedenen Erscheinungsformen und Anwendungsgebieten. Wirk.- u. Strick.-Technik **23** (1973) 4, S. 239–240.

VII. Betriebstechnik. Ökonomie. Tagungsberichte und dgl.. Sonderfragen

Betriebstechnik

Heinrich, G.: Das IBM System/7 und seine Anwendung in der Textilindustrie. Melliand Textilber. internat. **54** (1973) 4, S. 344–348.
Dosch, P.: Einsatz einer rechnergesteuerten Datenüberwachungsanlage bei der Texturierung. Melliand Textilber. internat. **54** (1973) 4, S. 335–339.
Moskalov, K. A.: Thermische Behandlung von Polymermaterialien. Plast. Massy, Moskva (Plast. Massen) (1973) 3, S. 35–37.
Rjabčenkov, V. N., Lapšin, V. V., Romanova, N. M., Solov'eva, I. I., Cibikov, Ju. N.: Besonderheiten der Verarbeitung von Polyamid 12. Plast. Massy, Moskva (Plast. Massen) (1973) 4, S. 52–56.
Bobiński, A.: Klimaeinrichtungen mit Luftsättigung oder Klimazentralen. Przegl. włókienn. (Textil-Rdsch.) **27** (1973) 1, S. 48–50.
Lorens, M.: Pneumatischer Fasertransport. Przegl. włókienn. (Textil-Rdsch.) **27** (1973) 1, S. 51–53.

Ökonomie

Entwicklungstendenzen in der Textilindustrie. Chemiefasern/Textil-Ind. **23/75** (1973) 4, S. 277.
Klein, B.: Britische Textilien und Ziele in der Perspektive: Gedanken zum Eintritt in Europa. II. Textile Inst. Ind. **11** (1973) 4, S. 103–105.
Králik, I.: Der Einfluß der apparativen Kontrolle auf die Produktivität. Magyar Textiltechn. **26** (1973) 3, S. 137–139.

Sonderfragen

Stand und Entwicklungsperspektiven des Systems der wissenschaftlichen Information. Vestnik Akad. Nauk SSSR (Mitt. Akad. Wiss. UdSSR) (1973) 3, S. 3–7.
Guter Facharbeiternachwuchs durch Stufenausbildung. Wirk.- und Strick.-Technik **23** (1973) 3, S. 175–176.
Gromol, H. W., Heine, G., Kummer, D.: Umstrickte Faservliese zur Wundbehandlung. Wirk.- u. Strick.-Technik **23** (1973) 4, S. 266–269.